图书在版编目（CIP）数据

奇妙的微生物家族 / 曾才友改编. ——上海：上海科学普及出版社，2018
（探索与发现）
ISBN 978-7-5427-7102-5

Ⅰ.①奇… Ⅱ.①曾… Ⅲ.①微生物学－青少年读物 Ⅳ.①Q93-49

中国版本图书馆 CIP 数据核字（2017）第 283773 号

责任编辑 吴隆庆

奇妙的微生物家族

曾才友 改编

上海科学普及出版社出版发行

（上海中山北路 832 号 邮政编码 200070）

http://www.pspsh.com

各地新华书店经销 北京兰星球彩色印刷有限公司
开本 787mm×1092mm 1/16 印张 13 字数 180 千字
2018 年 8 月第 1 版 2018 年 8 月第 1 次印刷

ISBN 978-7-5427-7102-5 定价 29.50 元
本书如有缺页、错装或坏损等严重质量问题
请向出版社联系调换

前　言

无论是繁华的现代城市、富饶的广阔田野，还是人迹罕见的高山之巅、辽阔的海洋深处，到处都有它们的踪迹。这一大类微小的"居民"被称为微生物，它们和动物、植物共同组成生物大军，使大自然显得生机勃勃。

微生物是一个真正的"小人国"，它们分属于细菌、放线菌、真菌、病毒、类病毒、立克次氏体、衣原体、支原体等几个代表性家族。这些家族的成员，一个个小得惊人。就以细菌家族的"大个子"杆菌来说，让3000个杆菌头尾相接"躺"成一列，也只有一粒米那么大；让70个杆菌"肩并肩"排成一行，刚抵得上一根头发丝那么宽；相当于全地球总人口数（70多亿）那么多的细菌加在一起，才只有一粒芝麻的重量。微生物如此之小，人们只能用"微米"甚至更小的单位"埃"来衡量它。大家知道，1微米等于1/1000毫米。细菌的大小，一般只有几个微米，有的只有0.1微米，而人的眼睛大约只有分辨0.06毫米的本领。

微生物具有极强的抗热、抗寒、抗盐、抗干燥、抗酸、抗碱、抗缺氧、抗压、抗辐射及抗毒物等能力。因而，从1万米深、水压高达1140个标准大气压（1标准大气压=1.01325×10^5帕）的太平洋底到8.5万米高的大气层；从炎热的赤道海域到寒冷的南极冰川；从高盐度的死海到强酸和强碱性环境，都可以找到微生物的踪迹。由于微生物只怕"明火"，所以地球上除活火山口以外，都是它们的领地。

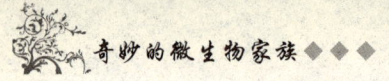

微生物当然也要呼吸,但有的喜欢吸氧气,是好氧性的;有的则讨厌氧气,属于厌氧性的;还有的在有氧和无氧环境下都能生存,叫兼性微生物。

微生物不仅会吃,而且还贪睡。微生物的休眠本领也令人惊叹不已。据报道,在埃及金字塔中三四千年前的木乃伊上仍有活细菌。

微生物是地球上最早的"居民"。假如把地球演化到今天的历史浓缩到一天,地球诞生是24小时中的零点,那么,地球的首批居民——厌氧性异养细菌在早晨7点钟降生;午后13点左右,出现了好氧性异养细菌;鱼和陆生植物产生于晚上22点;而人类要在这一天的最后一分钟才出现。

这个我们肉眼无法直接观察到的王国拥有太多神奇,由它发展起来的微生物学、病毒学、生物医药等等基础学科或前沿学科正方兴未艾。阅读本书,你将一窥这个神奇魔幻的王国;阅读本书将使你对这个领域从好奇到产生求知的欲望。

目录
Contents

无处不在的微生物
什么是微生物 ………………… 1
微生物的起源 ………………… 2
世界上最古老的"化学家" …… 3
微生物的发现——著名的曲
　颈瓶实验 ………………… 3
土壤中的微生物 ……………… 4
水中的微生物 ………………… 5
空气中的微生物 ……………… 6
人体上的微生物 ……………… 6
千姿百态的微生物 …………… 7
微生物的数量 ………………… 8
微生物的种类 ………………… 9
微生物的大小 ………………… 10
微生物的"衣服" ……………… 11
微生物的头发 ………………… 12
微生物的替身 ………………… 13
微生物的食物 ………………… 14
微生物的繁殖 ………………… 14
微生物的睡眠 ………………… 15
微生物的变异 ………………… 15
微生物的"集体照片" ………… 16
微生物的"旅行" ……………… 17
爱美的微生物 ………………… 17

偏食的微生物 ………………… 18
勤劳的微生物 ………………… 19
懒惰的微生物 ………………… 20
贪吃的微生物 ………………… 21
五世同堂的微生物 …………… 22
有顽强毅力的微生物 ………… 23
不死的孢子 …………………… 24
最小的微生物 ………………… 24
虫牙的来历 …………………… 25
冷藏不能灭菌 ………………… 26
灭菌手段 ……………………… 27
无菌技术 ……………………… 28
蓝细菌的毒素 ………………… 29
细菌内毒素 …………………… 30
微生物的侵入途径 …………… 31
微生物的致病机理 …………… 32
人体与微生物的对抗 ………… 33

微生物的猎人们
列文·虎克——第一个发现
　微生物的人 ………………… 34
保罗·埃尔利希——六〇六
　的发明者 …………………… 35
科赫——与死亡作斗争的
　战士 ………………………… 36

斯巴兰扎尼——找到微生物
母体的人 ……………… 37
鲁和贝林——拯救无数婴儿
生命的人 ……………… 37
梅契尼科夫——微生物免疫
学的先驱 ……………… 38
西奥博尔德·史密斯——阻
断提克萨斯牛瘟的人 …… 39
布鲁斯——昏睡病的克星 … 39
罗斯与格拉西——消灭疟疾
的功臣 ………………… 40
巴斯德——微生物学的奠基
人 ……………………… 41

发现微生物的工具

神奇的眼睛——显微镜 …… 42
最早的一台显微镜 ………… 43
重大发明和了不起的发现 … 44
卖布人发现了小"怪物" … 45
奇妙的光学仪器——眼睛 … 47
光学显微镜的分辨本领 …… 49
另请"高明"——电子显微
镜 ……………………… 50
五花八门的显微镜 ………… 52
显微镜的性能 ……………… 53
暗视野显微镜 ……………… 54
相差显微镜 ………………… 54

微生物的家谱

没有"心脏"的微生物 …… 56
有"心脏"的微生物 ……… 57
好热性细菌及其起源 ……… 57
蓝细菌 ……………………… 58

放线菌 ……………………… 59
立克次体 …………………… 60
支原体 ……………………… 60
衣原体 ……………………… 61
肺炎双球菌 ………………… 62
金黄色葡萄球菌 …………… 63
酵母菌 ……………………… 64
霉 菌 ……………………… 65
青 霉 ……………………… 66
甲烷菌 ……………………… 67
蝗虫霉 ……………………… 68
白僵菌 ……………………… 68
绿僵菌 ……………………… 69
根瘤菌 ……………………… 70
疫 霉 ……………………… 71
白粉菌 ……………………… 72
玉蜀黍黑粉菌 ……………… 73
甘蓝根肿菌 ………………… 74
长喙壳菌 …………………… 75
锈 菌 ……………………… 76
茭白黑粉菌 ………………… 77
胶锈菌 ……………………… 78
脉孢菌 ……………………… 78
酱曲霉 ……………………… 79
霍乱弧菌 …………………… 80
蛭弧菌 ……………………… 80
幽门螺旋菌 ………………… 81
双歧杆菌 …………………… 82
乳酸菌 ……………………… 83
黏 菌 ……………………… 84
菌藻的结合体——地衣 …… 85
噬菌体 ……………………… 86

头孢菌 … 87	金针菇 … 111
嗜盐菌 … 88	蜜环菌 … 112
军团菌 … 88	银耳 … 112
磁铁细菌 … 89	猴头菇 … 113
结冰细菌 … 90	茯苓 … 114
细菌大夫 … 90	雷丸 … 115
耐高温的细菌 … 91	虫草 … 116
吃混凝土的细菌 … 92	猪苓 … 117
能织布的细菌 … 92	香菇 … 118
发光细菌 … 93	草菇 … 119
邮票细菌 … 94	橙盖鹅膏 … 120
什么是真菌 … 95	吃毒蘑菇为什么会中毒 … 121
真菌的营养体 … 96	蘑菇中毒的类型及毒理 … 122
真菌的繁殖 … 97	蘑菇中毒的治疗方法 … 122
子实体层 … 98	墨汁鬼伞 … 123
菌盖 … 99	鹿花菌 … 124
真菌的菌柄、菌环、菌托 … 100	裂丝盖伞 … 124
真菌的命名 … 100	毒粉褶菌 … 125
真菌的分类单位 … 101	褐鳞小伞 … 126
真菌的采集 … 102	毒红菇 … 127
真菌与植物根的结合体——菌根 … 102	白毒伞 … 128
	臭黄菇 … 129
了解不多的半知菌 … 103	蛤蟆菌 … 130
蘑菇 … 104	皮肤丝状菌 … 131
鞭毛菌 … 105	足癣菌 … 131
水霉 … 106	木耳 … 132
捕食性真菌 … 106	盘菌 … 133
担子菌 … 107	珊瑚菌 … 134
食用菌的一般特性 … 108	竹黄 … 135
抗癌的微生物——食用菌 … 108	美味牛肝菌 … 135
仙人环 … 109	口蘑 … 136
鸡菌 … 110	小煤炱菌 … 137

杏疗座菌 … 138
腐皮壳菌 … 138
块 菌 … 139
子囊菌 … 140
根 霉 … 141
霜 霉 … 142
茶叶树上发生的"茶饼" … 143
真菌对食品的损害 … 143
真菌对木材、木器及油漆的
　损害 … 144
真菌对纺织品的损害 … 144
真菌对皮革的损害 … 145
无所不吃的真菌 … 146
病毒的身世 … 146
病毒的大小 … 147
病毒的形态 … 147
病毒的结构 … 148
包涵体 … 149
病毒的生活方式与旅行 … 150
病毒的繁殖 … 151
病毒感染的预防 … 151
病毒的功与过 … 152
干扰素 … 153
类病毒 … 153
丙型肝炎的真面目 … 154
无名病毒 … 155
乙型肝炎病毒 HBV … 155
脊髓灰质炎 … 156
腺病毒 … 157
麻疹病毒 … 158
流行性乙型脑炎病毒 … 159
天花病毒 … 159
狂犬病毒 … 160
出血热病毒 … 161
朊病毒 … 162
流感病毒 … 163

微生物资源

微生物的作用 … 164
微生物在整个生命世界中的
　地位 … 168
微生物工程名称 … 169
微生物电池 … 169
海洋微生物 … 171
海洋微生物特性 … 172
海洋微生物分布 … 174
微生物营养 … 176
油田微生物 … 179
饲料微生物 … 180

微生物对人与动物带来的危害

微生物与人类疾病 … 182
微生物与动物疾病 … 183

微生物对人类的促进作用

微生物对被污染环境的
　修复 … 190
微生物是环境检测的重要
　指标 … 191
平衡生态系统 … 192
大自然的"清洁工" … 194
转化和降解 … 195
城市垃圾生物处理技术 … 197
可以迅速分解塑料 … 198
生态系统中的清道夫——
　微生物 … 200

无处不在的微生物

什么是微生物

微生物像动物、植物一样是有生命的。一般微生物的形体微小,计算它时得用纳米表示(1纳米等于1/1000微米)。大多数微生物都只是由1个细胞组成;也有一些由2个或多个细胞组成,但是个体结构也非常简单;更有甚者,根本没有细胞结构,也自由自在地生活在世界上。微生物可算一个复杂的大家族,目前已知大约有10万种以上,有原虫、真菌、细菌、放线菌和病毒等,其中成员最多的要算大名鼎鼎的细菌了。通常我们用肉眼

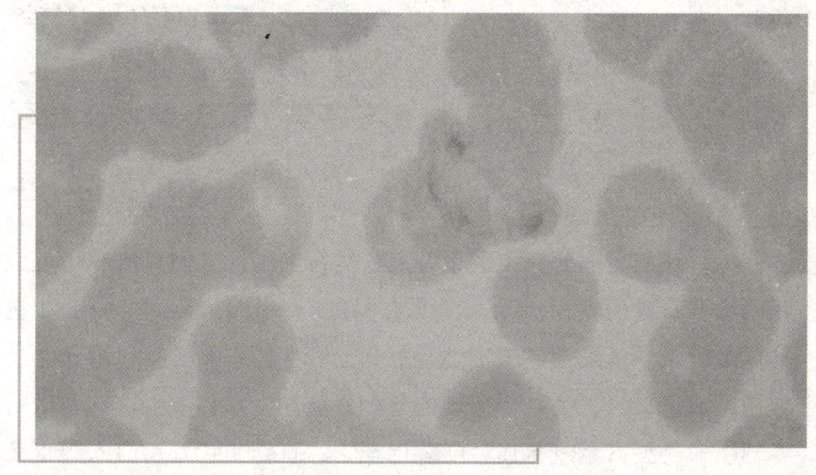

原 虫

是观察不到微生物的,要通过显微镜的帮助才能清楚地看到它。在显微镜下放一滴水,微生物在这滴水中就像鱼儿在汪洋大海中一般。1克泥土就包含10亿个微生物,1滴牛乳里可以含有1亿个微生物。可见,微生物的数目要比地球上的人和动植物的总和还要多。它们广泛分布于土壤、空气、水域、动植物体内以及人体内外。微生物在我们的生产、生活中起着不可估量的作用,有好的,有坏的。这小小的生命却能给我们的世界带来巨大的变化,真令人叹为止观。

微生物的起源

大约在46亿年前,我们的地球诞生了,那时的地球上只有光秃秃的山和不可呼吸的各种气体,氧气还没有形成。随着天外来客"陨石"的一次次撞击给地球带来了生命的元素,这些元素逐渐因雨水的冲刷而汇集到地球的凹陷处,为生命的形成做着准备。距今约35亿年前,地球开始从化学进化转入生化进化阶段,最早的生命诞生了。科学家们认为,最早出现的生命形态是厌氧性异养

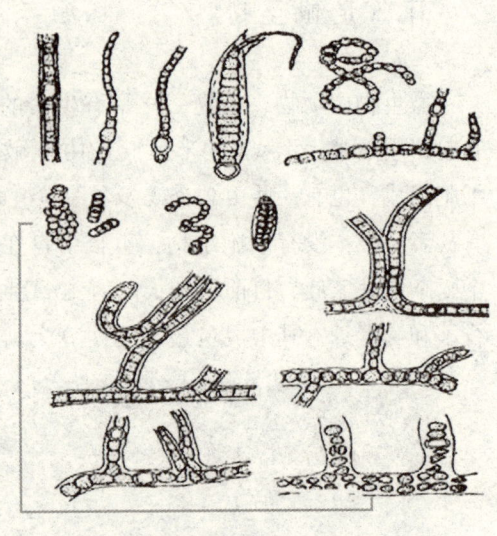

蓝细菌

细菌,例如:我们后面要介绍的甲烷菌这类古细菌。它们只能利用现成的有机物来维持自己的生命活动,因此它们是一些分解者。大约在32亿年前,地球上出现了蓝细菌(又名蓝藻),这时的蓝细菌已能利用光能进行光合作用,放出氧气,为以后出现的各种好氧性生物打下生存的基础。此后,各种生命类型沿着进化途径陆续出现了,直到200万年前人类也诞生了。由此可见,在整个生物界,进化历史最悠久、种族年龄最古老的恰恰

是被我们所忽视的微生物。它为其他生物的进化创造了有利的环境，在生态系统中起着不可替代的作用，人类应加强对它的研究，更好地让它服务于全人类。

世界上最古老的"化学家"

亲爱的读者，你可曾听说过谁是世界上最原始、最古老的"化学家"？它既不是欧洲人，也不是非洲人；既不在人类文明史发达的中国，也不在文化历史悠久的希腊，而是至今仍然健在、人的肉眼看不见的微小生物。这就是我们平常所说的微生物。在生物世界上，微生物是一个足有几十亿年历史的"小人国"，其"国民"个儿极小，最甚者只有一根头发粗细的几十分之一。在自然界的物质转化过程中，微生物的作用是任何生物都无法比拟的，我们之所以称它们为"最古老的化学家"，是因为它们在常温常压下，无需任何特殊装置和强大的能量，就可以在体内进行成千上万种的化学反应。而且一些用现代化学方法不能合成的物质，微生物却可以多快好省地制造出来。由于微生物具有如此高超的技术，自古以来，人们就利用它们来制造酱油、酒、醋、面包等食品。如今人们还在驱使这些"最古老的化学家"去完成各种合成过程，生产像氨基酸、维生素、抗菌素、抗癌药物以及与人类生命有重大关系的物质等等。可以说，如果没有微生物，人类世界就无法生存下去。

微生物的发现——著名的曲颈瓶实验

食物放久了为什么会变坏？腐败肉类上的蛆虫是哪里来的？以前，人们以为蛆虫是肉里自发生长的，而且其他一切食物、用品的腐化都是自己发生的，这就是最早的自然发生说，它解释了微生物是怎样发生的奥秘。但著名微生物学家巴斯德却不这样认为，在传统习惯的巨大压力下，他设计了著名的曲颈瓶实验，证明了微生物不是自己发生的。首先，他设计了一种特殊的瓶子，瓶口特别细且弯曲，把煮沸后的食物汁液倒入瓶中，放置一段时间后发现瓶中的汁液并没有受到污染,也没有微生物生长。但如果瓶颈破裂,汁液就很快地长满微生物;如果将汁液倾出一些直到瓶颈的弯曲部,然后再倒回去,也将得到同样的结果——微生物四处漫延。这是因为空气中微生物到达瓶颈的弯曲部以后,不能再上升进入瓶中,所以瓶内汁液不会生长微生物。而如果瓶颈破裂或汁液沾满瓶颈,微生物则轻而易举进入瓶中,并就此安家落户。巴斯德此举有效地反驳了自然发生说,并证明

著名的科学家巴斯德

了微生物是如何进入有机汁液的,同时也证明了微生物在腐败食品上不是自发产生的,为微生物学的研究奠定了坚实的基础。

土壤中的微生物

自然界中,土壤所含的微生物是相当多的,这是因为在土壤中富含多种有机质、无机物和空气,具备一般微生物生长繁殖所必需的营养,而且温度、酸碱度等条件也比较适宜。因此,土壤是多种微生物繁殖的良好环境。土壤中的细菌并不都是一样的,不同地点,不同类型的土壤,微生物的种类、数量及分布区别很大。在耕作和施肥的土壤中,微生物数量较多,而荒地沙漠中则含量较少,但每克土

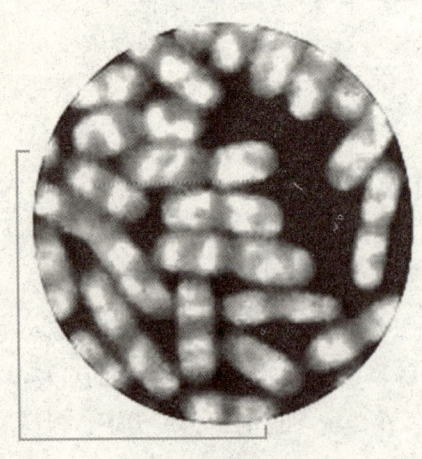

伤寒杆菌

壤中仍有10万以上的微生物。表层土壤中含微生物较少，离地面10~20厘米中的土壤中微生物数量最多，在4~5米深处的土壤中几乎见不到微生物的遗迹。土壤中的微生物大多对人体是有益的，并且它们在氮、磷、铁、硫等元素的自然循环中具有重要的作用。但也有一些微生物对人体是有害的，如伤寒杆菌能使人得伤寒病，肺炎双球菌能使人得肺炎，破伤风菌能使人得破伤风等。所以，对土壤中的微生物要多加小心，平时注意卫生，保持清洁，是防止疾病的有效手段。

水中的微生物

水是生命的源泉，只要有水的地方，就有生命的存在。水是微生物天然生存的环境，由于水源、水质的不同，如海水、江河水，包括静水（如湖泊、池溏水）和流水（江河等），其中所含微生物的种类和数量相差很大。我们可根据水中微生物的不同来源，将它们分为3类：①原生微生物群。它们是天然生活在水中的一群微生物，在水中和水底沉积物中具有较稳定的组成，在不同的水中均可见到它们的

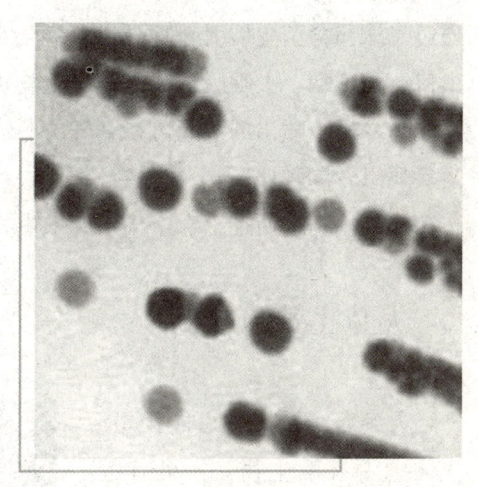

志贺氏杆菌

身影，它们是水中的"常驻人口"。②来自土壤中的微生物。土壤中的微生物附着在土壤微粒上，由于各种外力作用，如风吹、雨淋，将其带入水中，它们在水中也有一席之地。③源于污水的微生物。由于工业污水和居民的生活用水不经处理就被直接排放到江河中，使水质受到极大的污染，在受到污染的水中可能含有伤寒杆菌、志贺氏杆菌、霍乱弧菌等致病菌，人在喝了这类水后，就会患上相应的疾病，严重的还会危及生命。因此，一定要讲究卫生，千万不要乱饮生水。

空气中的微生物

由于空气中缺乏微生物赖以生存的水分及可以被微生物利用的营养,并且受到自然光、无线电波、各种射线、声波等因素的影响,即使某些微生物进入空气后,也可能失去活力或被杀死。因此,在空气中微生物的数量是不固定的,如果经严格处理,空气可能会接近无菌状态(即没有任何微生物)。但是,由于人类的活动,大气对流,以及其他种种原因,在空气中总是或多或少存在着一些微生物的,但总体说来是城市多于郊区,陆上多于海上,海拔低处多于海拔高处。空气常是呼吸道疾病传染的传播媒介,通过飞沫和含菌尘埃引起呼吸道疾病传染。实验证明,在通常咳嗽情况下,由口、鼻、咽、上呼吸道喷出的微生物可散播到2~3米远,剧烈咳嗽时能喷到9米远,喷出的液滴可在空气中漂浮4~6小时甚至2~3日,所以呼吸道疾病患者深呼吸、高声谈笑、咳嗽、打喷嚏时都可能散布细菌和病毒,传播疾病。综上所述,对空气中的微生物也不能忽视。

人体上的微生物

看到这个题目你可能会想,人体上哪有微生物,如果有微生物,我为什么没得病呢?但人体上确实存在着微生物。科学家经研究发现,在人的皮肤和黏膜上经常存在着各种微生物,例如:在人的皮肤上,常可见到表皮葡萄球菌、类白喉杆菌、革兰阴性杆菌、需氧芽胞杆菌;在口腔中可见到肺炎球菌、葡萄杆菌等,即使在人

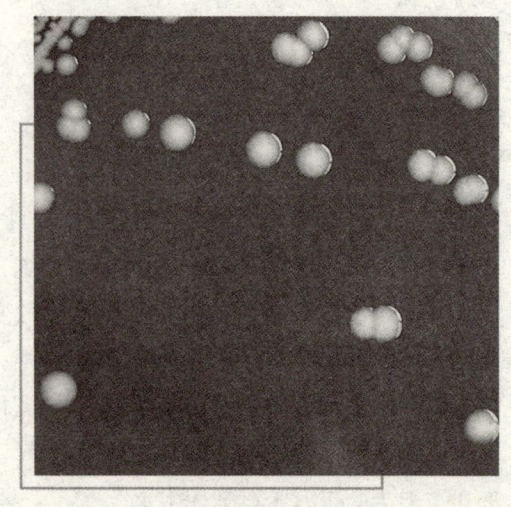

表皮葡萄球菌

最敏感的眼结膜上仍发现了表皮葡萄球菌、结膜干燥杆菌。这些微生物，与人和外界环境这三方面在人体正常条件下处于一种相对平衡状态。所以，虽然人体上有无数的微生物，却也不会得病，但是当人体受寒、过度疲劳、患消耗性疾病等原因而抵抗力减弱时，某些本在正常条件下存在的菌群会大量的繁殖，同时，保护性菌群相对减少，导致平衡失调，结果人就生病了。上面所说的，是由于人体本身原因而使本来生活在人体上的微生物有可乘之机，使人生病。另外还有一些称为致病性细菌的微生物，它们平时并不在人体上，但只要一有机会，它们就会附着在人体上，侵入人体内，兴风作浪，直接导致人体平衡的失调，使人患病。

千姿百态的微生物

大千世界，无奇不有。微生物的长相也是千奇百怪。圆圆的个儿叫球菌；长长的个子则称杆菌；弯弯的叫弧菌；弯曲得更厉害，像蛇一样的叫螺旋菌；成双成对的球菌叫双球菌；连成长串的叫链球菌；4个一组的叫四联球菌；8个叠在一起的称为八叠球菌；成堆的叫葡萄球菌；还有的是放射形丝线状的称为放线菌。千姿百态的微生物世界中不光有这些微型的生命体，还有大型的生命体，如食用菌中的蘑菇、银耳、木耳、猴头菇等。最大的食用菌可以把一个小孩子完全藏住。各种各样的微生物不仅在外型上有如此之大的差别，在实际生产、生活中的作用更是千差万别，如伤寒杆菌可以引起伤寒病，痢疾杆菌可引起痢疾病，霍乱弧菌可引起霍乱等等，危害人与牲畜的健康。不过，也不是所有的微生物都是这样可怕，如适量的乳酸菌在人的肠道中可以有助胃肠的消

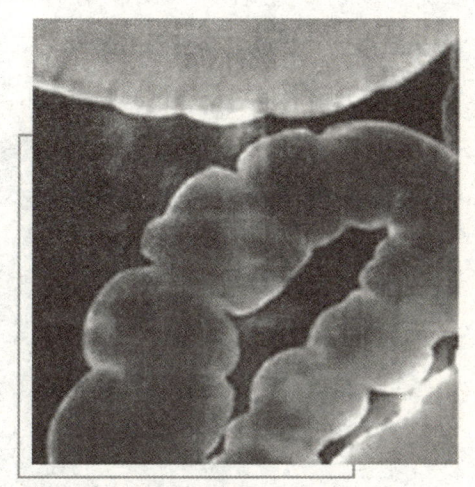

螺旋菌

化;部分放线菌可制成抗生素以抵抗病毒的侵染;微生物还可以用来酿酒,做面包,腌泡酸菜等等。微生物不光是人类的敌人,也有些是人类的朋友,用科学的方法对待微生物的不同成员,会使人们的生活更美好。

微生物的数量

由于微生物所需的营养普及广,生长要求不高以及生长繁殖速度特别快等原因,凡有微生物存在之处,它们都拥有巨大的数量。例如,土壤是微生物的"大本营",其中四大类微生物的平均数量一般为:细菌数亿/克,放线菌数十万/克。在人体肠道中始终聚居着100~400种微生物,它们是肠道内的正常菌群,菌体总数可达100万亿左右。在人的粪便中,细菌约占1/3(干重)。据调查组对某地10种面值共44万张纸币的调查,发现平均每张纸币上有900万个细菌。还有,一般人的每个喷嚏含有1万~2万个飞沫,其中约含菌4500~150000个。而感冒患者的一个"高质量"的喷嚏则

在显微镜下钱币上的细菌

含有多达8500万个细菌。在法国有人测定过各种空气样品的含菌量，发现百货店内每立方米空气中约含400万个微生物，林荫道中相应为58万个，公园内为1000个，而林区、草地则只有55个。由此可见，我们都生活在一个被大量微生物紧紧包围着的环境中，但常常是"身在菌中不知菌"。

微生物的种类

微生物无所不在地生活在我们周围，那么它究竟有多少种？科学家研究发现，从生理类型和代谢产物角度看，微生物的生存方式大大超过动植物的生存方式，如细菌光合作用，化学合成作用，生物固氮作用，厌氧性生物氧化，各种极端条件下的生活方式，以及存在"生命的第三形态"（甲烷菌类古细菌），"第四形态"（病毒）和非生命与生命间的过渡类型（类病毒）等。其次，从种数方面看，由于微生物的发现比动植物迟得多，加上鉴定种数的工作以及划分种数的标准等问题较复杂，所以目前已确定的微生物种数还在不断增长。随着分离、培养方法的改进和研究工作的深入，

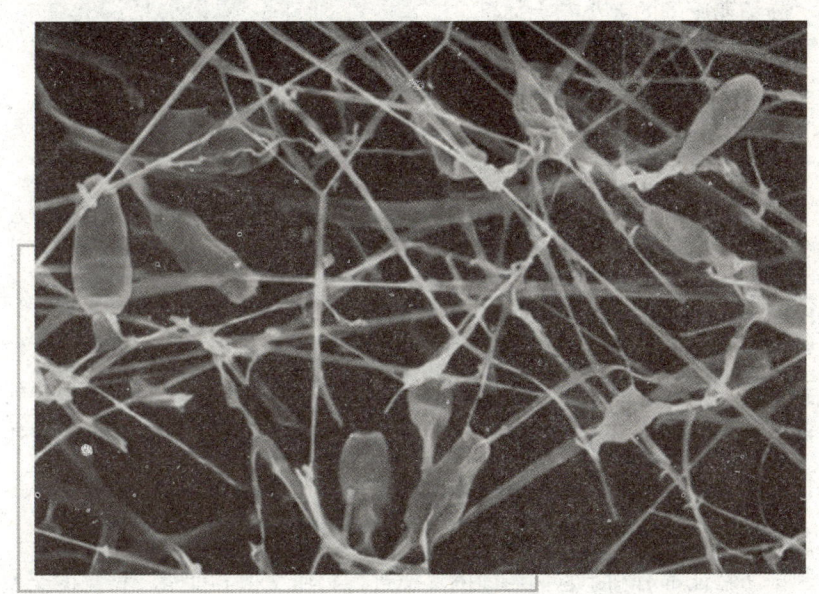

脚气真菌

微生物的新种、新属、新科甚至新目、新纲屡见不鲜。这不是在生理类型独特、进化地位较低的种类中常见，就是最早发现的较大型的微生物——真菌，至今还以每年约700个新种的势头不断递增。苏联微生物学家伊姆舍涅茨基说过，目前我们所了解的微生物种类，至多也不超过生活在自然界中的微生物种数的10%。

微生物的大小

众所周知，微生物个体非常小，用肉眼是难以观察的。那么是不是所有的微生物都一样大呢？其实不是这样，各类微生物个体大小的差异也十分明显。粗略地说，真核微生物、原核微生物、非细胞微生物、生物大分子、分子和原子的大小，大体都以10:1的比例递减。目前所知道的最小微生物是1971年才发现的马铃薯纺锤形块茎病的病原体——类病毒，它是迄今所知的最简单与最小的专性细胞内寄生生物，其

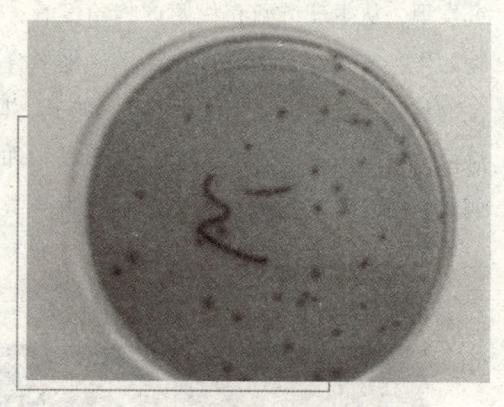

大肠杆菌

整个个体仅由一个以359个核苷酸组成裸露RN分子所构成，长度仅为50纳米。细菌中最普遍的是杆菌，它们的平均长度约2微米，故1500个杆菌头尾衔接起来有一颗芝麻长；它们的宽度只有0.5微米，60~80个杆菌"肩并肩"地排列成横队，也只够抵上一根头发的宽度。我们知道，任何物体被分割得越细，其单位体积所占的表面积越大。如果说人体的"面积和体积"比值为1，则大肠杆菌的比值高达30万。由此可见，微生物有多小，而且有一个极端突出的小体积大面积体制，让人不可思议。其实，所有这一切特征都有利于它们与周围环境进行物质交换和能量、信息的交换。

微生物的"衣服"

我们人类是需要穿衣服的,动植物也有自己的衣服。动物的衣服是它的皮毛,植物的衣服是细胞壁以及它外面的附属物。不要认为微生物都是"赤身裸体",一丝不挂的。其实,它们有些也穿着一身特别的"衣服"。科学家给这种衣服取名叫"荚膜"。不过,在一般情况下,这套特殊的衣服是看不见的,它是透明的,就是放到科学的眼睛——显微镜下也难以看清。聪明的科学家想出一个好办法,将它们这套衣服染上红或紫的颜色,这样才使它们原形毕露。实际上,这身隐身衣是微生物自己编织的一种透明的、非常整齐的、黏度极大的一种物质。一般情况下,一个微生物自己穿一件衣服,也有些"家庭贫困"的两个或几个微生物共同穿一件衣服,科学家把这种现象称为"菌胶团"。微生物有了这层衣服的保护就不再害怕外界敌人的侵害。因为这套衣服是由黏性极大的物质构成的,所以,它可以黏附

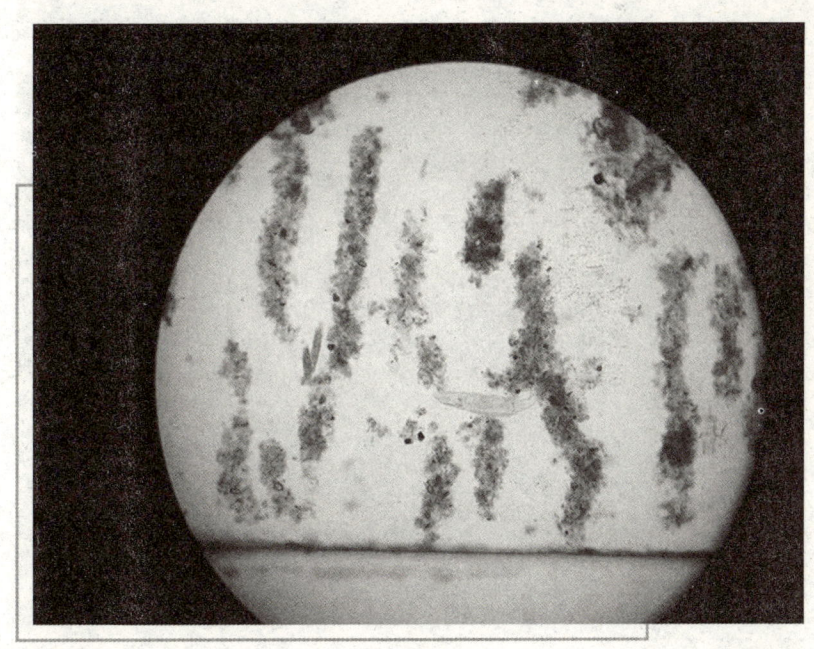

菌胶团

在任何一处微生物非常喜爱的地方,在此安家落业,繁衍子孙。

微生物的头发

微生物的长相千奇百怪,有谁会相信它会长头发呢?说来也奇妙,有些微生物确实长有头发。科学家给微生物的头发取了一个名称,叫"鞭毛"。众所周知,人的头发是由一种蛋白质组成的,微生物的头发也是由一种特殊的含有硫元素的蛋白质组成的。微生物的头发所在的位置不尽相同,有的只生在一端,有的生在两端;有的只有一根,有的有两根,有的甚至全身长满了毛。实际上微生物的头发——鞭毛,是一种运动器官,微生物就依靠它在水中自由游动。但鞭毛极其纤细易于脱落,失去鞭毛的微生物就不能再运动了。但它不会死亡,依旧活得好好的。并不是所有的微生物都有鞭毛,如球菌中只有尿素八叠球菌有鞭毛;杆菌中只有一部分有鞭毛;所有的丝状菌、弧菌、螺旋菌都有鞭毛。鞭毛在微生物的生命活动中起重要作用,这种头发是每个微生物都梦寐以求的,但也不是每个微生物都能

鞭毛菌

如愿以偿的。

微生物的替身

微生物的生活像我们人类一样,有时会遇到逆境,如温度过低,pH 值发生变化等一系列不适宜的环境中。在一定的生活环境,微生物生长到一定阶段后,在细胞内会产生一种圆形或卵圆形的结构,它折光性很强,不易于着色,含有致密的壁,有极强的抗热、抗辐射、抗化学药物的特性,这种结构可以帮助微生物度过不良环境,使微生物以休眠状态存活下去,科学家把这种结构称之为"芽孢"。芽孢只是微生物的休眠体,是正常生活微生物的替身,它不能繁衍后代,在适当条件下,可以萌发形成新的微生物。芽孢可以在细胞的任何部位形成,使母细胞形成各种形状,如梭状、鼓槌状、纺锤状、网球拍状等等。并不是所有生物都产生芽孢,一般只有好氧芽孢杆菌、厌氧性梭状芽孢杆菌、梭菌以及八叠球菌属的成员才能产生芽孢。芽孢在微生物的生命中占重要地位,这个替身使微生物在逆境下依旧存活几年是不成问题的。

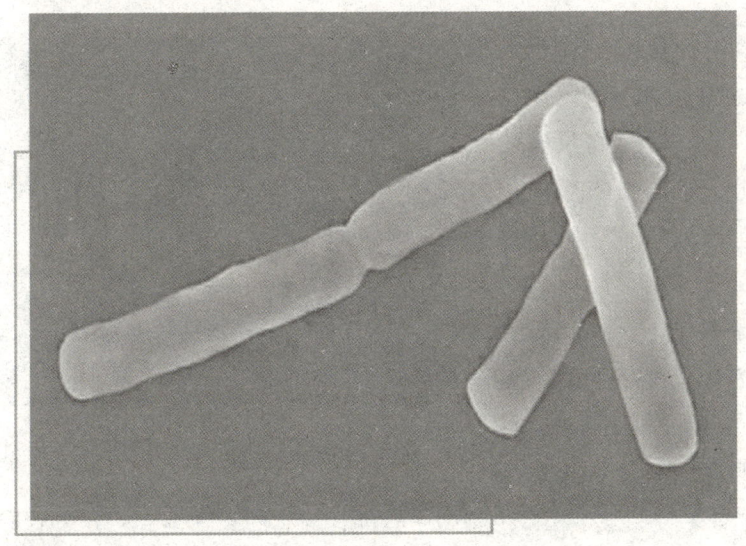

芽孢杆菌

微生物的食物

数以万计的微生物无处不在,无处不有,它们靠什么生活呢?实际上微生物是一批饕餮食客,它们贪吃无厌。山珍海味、蔬菜水果、肉类糕饼,都是它们喜欢的食品,就是糨糊、皮鞋、衣服、垃圾、腐烂的木头,甚至动物的尸体和粪便,均是它们吃食的对象。但也有些微生物吃得很"清淡",它们只要吃些空气里面的氮气,就得以维持生命。但有的微生物口味很特别,喜欢吃铁、硫磺、石油等东西。食谱之广,真乃洋洋大观。说来奇妙,这些微子微孙一时找不到食物,它们也不在乎,饿上一月半载也无妨,但只要遇上可吃的东西,那就"当吃不让",风卷残云地吃个痛快。它们能把地球上的一切生物残躯遗体吃个精光,称得上大自然的清洁员。由此可见,地球表面经过千万年来的积累,没有被生物尸体充塞满,还亏得这些微生物立下的功劳呢。

微生物的繁殖

微生物像人一样也需要通过繁殖来产生后代,繁衍种族。微生物没有雌雄之分,它们繁殖后代的方式也与众不同,它是靠自身分裂来繁衍后代的。主要是将自己一分为二,二变为四,四变为八,就这样成倍地分裂下去,科学家把这种繁殖方式称为裂殖。如果分裂发生在微生物的中腰部,与它的长轴垂直,分裂后形成两个子细胞的大小基本相等,这样的分裂方式称为同型分裂。如果分裂偏于

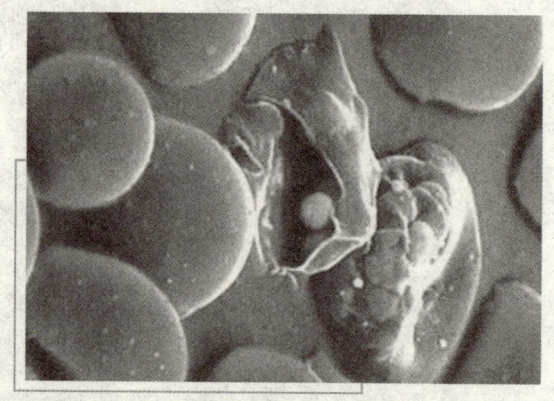

裂 殖

一端，分裂后形成两个大小不一的子细胞，这样的分裂方式称为异型分裂。裂殖是最简单的一种繁殖方式，只要各方面条件都适合，每隔15分钟就分裂一次，有人测算过：如果照这样的速度分裂下去，那么一昼一夜，一个微生物就可变为"1"字后面加上21个"0"的巨大数目。半个月就可铺满地球的表面。不过不用担心，微生物也有它所惧怕的敌人，如冷、热、酸、碱等，这些敌人使微生物不能无休止地繁殖，只能遵循自然规律——适者生存。

微生物的睡眠

经过一天的紧张忙碌，我们人类就要在夜晚休息，以补充有限的精力。那微生物又是怎样休息的呢？科学家研究发现，微生物在不良条件下很容易进入休眠状态，不少种类还会产生特殊的休眠构造。干燥、低温、缺氧、避光、缺乏营养并加入适当的保护剂等条件都有利于微生物的休眠。据报道，有的芽孢经500～1000年甚至1900年的休眠后，仍有活力。1981年，苏联乌拉尔山西麓彼尔姆州"五一"农庄的奶牛，在接触过一个考古遗址后都患了奇怪的炭疽病。经证实，这些奶牛感染了该地1000年前曾流行的炭疽病菌的芽孢。1983年埃及考古部门在开罗南部萨加拉村附近的墓穴里发现了一些干酪片，经研究，这种距今2200年前的食物竟含有活的发酵菌。甚至还报道过三四千年前金字塔中的木乃伊上至今仍有活的病菌。微生物的这种睡眠，使它能保持旺盛的生命力，当"一觉醒来"之时，又以新的生命体展现于世。

微生物的变异

达尔文的《物种起源》一书中提出：任何生物都是在不断进化的，都存在着变异。然而微生物的变异在自然界中可以说是独树一帜，没谁能比得上。在自然条件下或人为因素的影响下，"儿子"会变得比"老子"更加厉害，本领更为强大，而且这些本事还会一代一代往下传。并且说变就变，既迅速又彻底。这一切均与微生物的构造有关。微生物的结构十分简单，没有植物那样的根、茎、叶，也不像动物有各种复杂的系统，微生物多是单细胞或是由单细胞构成的群体，变异相对简单得多。微生物的变异对人类来说有利也有害。比如抗药性的产生对人类就十分有害，致病菌产生抗药性，我们就不得不研制新药来对付它们，这样就会消耗掉人类宝贵的资源和财富。当然，有些微生物的变异对人类还是有利的。比如各种为人类服务的微生物们在产生变异后，能加大微生物工业品的产量和质量，在单位时间内的原料利用率增加，会给人类带来更多更好的食品。了解了变异的双重性后，人们就可以人为地控制微生物的变异，让微生物们更好地为人类工作。

微生物的"集体照片"

大家都知道，我们人类社会是一个个家庭组成的，每个家庭包括许多有亲缘关系的人。微生物的家庭也是如此，由一个微生物繁衍产生一群有

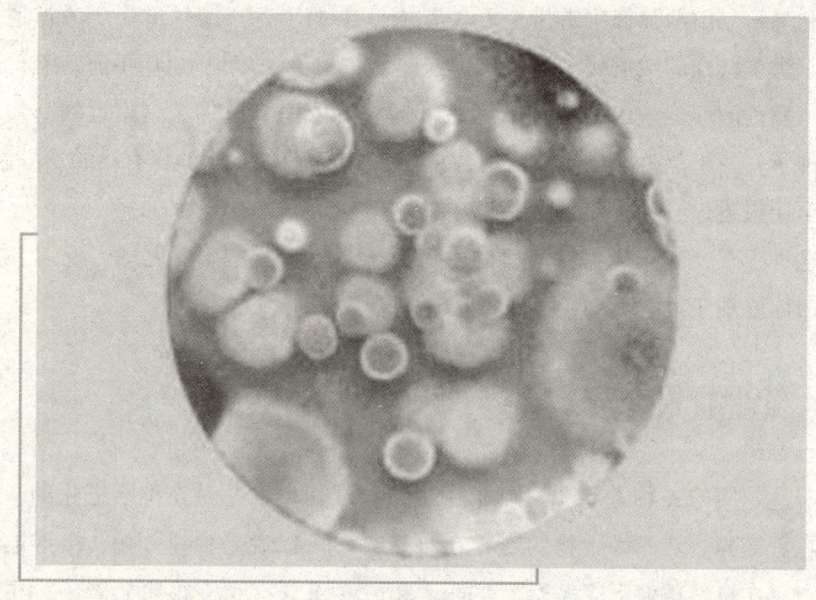

霉菌菌落

关系、互相联系的一个整体，科学家给这个整体起了个名字叫菌落。微生物在固体培养基上生长繁殖时，受培养基表面或深层的限制，不能像在液体培养基中那样自由扩散，因此繁殖的菌体常聚集在一起，形成肉眼可见的具有各种形态的群体，称为菌落。各种微生物在一定培养基条件下形成的菌落具有一定的特征，包括菌落的大小、形状、光泽、颜色、硬度、透明程度等等。细菌的菌落表面光滑、透明、湿润、颜色均一、容易挑起。而放线菌的菌落表面干燥，且呈粉末状，由许多菌丝交错缠绕而成，菌落小而不蔓延，与培养基结合紧，难于挑起。还有其他一些微生物形成的菌落颜色非常漂亮，形状各异，让人叹为观止。菌落的特征对菌种的识别和鉴定有重要意义。

微生物的"旅行"

从前面我们已经知道，无论在土壤、空气、水中、人体上均有微生物的存在，人们每刻都在与微生物打交道。微生物虽然栖息在土壤中，但它们经常飘游四方，到各处"旅行"。让我们首先看看微生物在土壤中的旅行。土壤中的微生物是最多的，但它们在土壤中的移动性较差。而水中的微生物也只能沿着江河水的流动而传播。所以最有效的旅行方式是飞行。它们坐在尘埃或液体飞沫上，凭借风力可以漫游3000千米，飞上2万多米的高空。如果这些微生物是致病性的，那么这次旅行可能会给人类带来沉重的灾难。例如：1918年的世界性流行性感冒，从法国开始，病毒游遍全球，全世界有四分之一的人口患病，死亡2000万人。虽然微生物的旅行会给人类带来灾难，但只要我们了解它的规律，就可以防范于未然，甚至利用微生物的旅行为人类造福。科学家研制成一种能在空中飘游很长时间的气溶胶，并使杀虫微生物吸附在其上面，当发现病虫害时，用飞机喷撒，可一举歼灭害虫，并能节约大量的杀虫剂，可谓一举两得。

爱美的微生物

微生物也像女孩子一样非常爱美，科学家在实验室中用染液给它们染

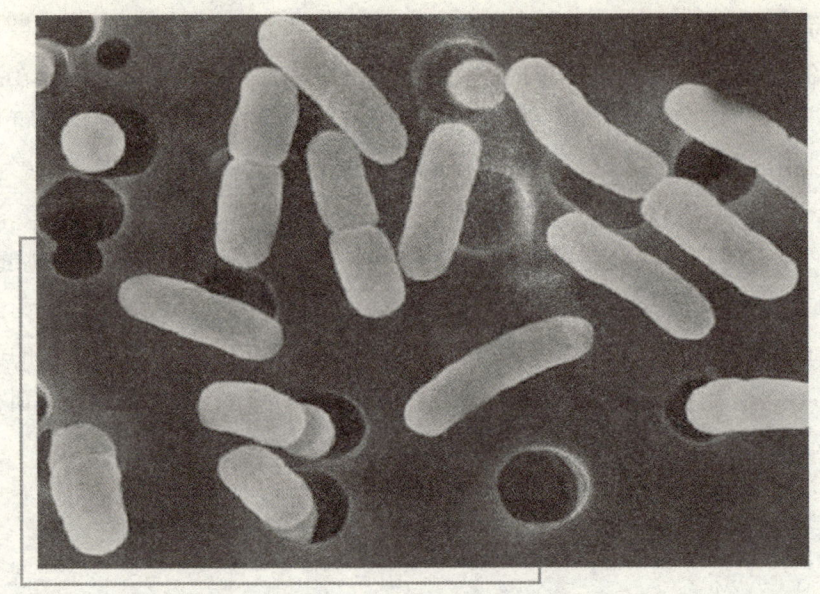

革兰细菌

色时，它们有的喜爱红色，有的喜爱紫色，结果所有微生物被分成两类，一类穿红衣服组成红色方队，另一类穿紫色衣服，组成紫色方队。这是为什么呢？微生物学上把穿红衣服的称为革兰阴性细菌，把穿紫色衣服的称为革兰阳性细菌。这两类菌的细胞壁结构有所不同，在染色时发生不同的反应，革兰阴性菌的细胞壁分为2层，肽聚糖含量低，网孔较大，在染色过程中结晶紫——碘复合物容易被抽提出来，于是细胞被脱色而在复染时被染成红色；革兰阳性菌的细胞壁分3层，肽聚糖含量高，网孔较小，通透性降低，结晶紫——碘复合物被保留在细胞内，细胞不被脱色而呈紫色。可见爱美也是有原因的，它们也不是自由选择自己喜爱的颜色的，而是被动地选择，这是由它们自身细胞壁结构所决定而无法改变的。革兰染色在微生物鉴定方面具有重要作用。

偏食的微生物

你们知道科学家在实验室是如何培养微生物的吗？微生物那么小，要

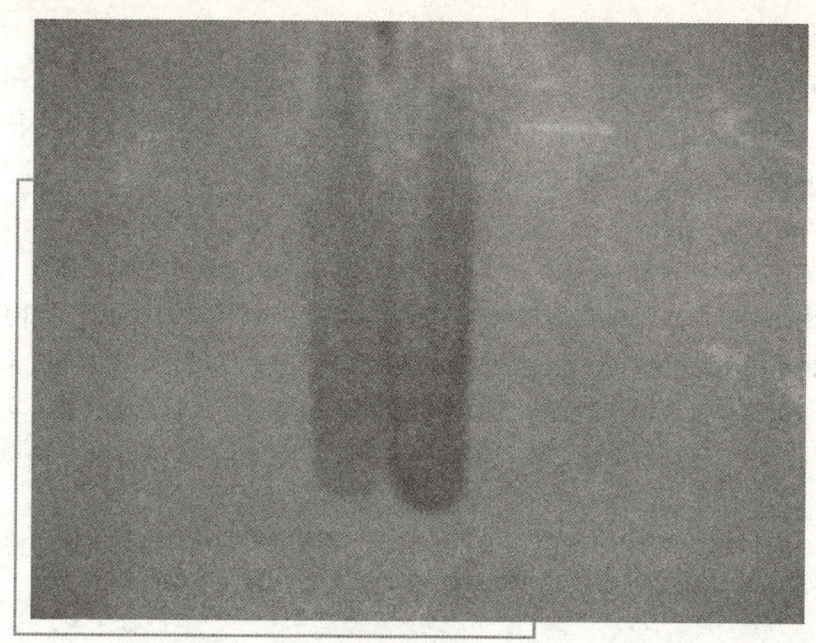

微生物培养基

怎样才能看见呢?实际上,科学家采用一种极简单的方法来培养微生物,他们配制一种透明的固体,叫做培养基,在它上面培养微生物。培养基的配制有许多种方法,这要依照你所要培养的微生物而言。例如培养细菌要用肉汁蛋白胨培养基,培养放线菌要用高氏一号合成培养基,培养酵母菌用麦芽汁培养基,培养霉菌用查氏合成培养基。每种不同的培养基含有不同营养物质成分,pH值不同,培养微生物的目的不同。不同的微生物像小孩子一样喜爱吃不同食品,所以在营养物中加入某种微生物爱吃的成分,这种微生物就长得特别好,而其他微生物不爱吃这种食品,造成营养不良,发育不全,自然就不爱生长,结果就可以看到在特定培养基上只有某种微生物生长的现象。这就是微生物偏食对科学研究有重要价值的原因。

勤劳的微生物

微生物的世界也是千奇百怪,有的爱美,有的偏食,有的懒惰,有的却很勤劳。这类勤劳的微生物像人类一样自己动手，丰衣足食，用劳动换取自己所需的营养物质。它们能以 CO_2 作为唯一碳源或主要碳源并利用光能进行生长，主要包括藻类植物、蓝细菌和部分光合细菌。其共同特征是含有光合色素，能主动进行光合作用，并且能在完全无机的环境中生长。其次，它们中另一部分也能在完全无机的环境（即只有无机物质，没有有机物质）中健康地生长，并且也以 CO_2 作为唯一碳源或主要碳源，唯一不同的是它能通过无机物的氧化取得能量，而不依赖于叶绿素的光合作用。这两类微生物的共同特征就是都能主动创造营养物质，通过不同方法把 CO_2 氧化为碳水化合物，作为自身营养物质。根据其能量源的不同，科学家把前一类微生物称为光能自养型微生物，把后一类微生物称为化能自养型微生物。这两类微生物都勤劳地劳作，犹如"勤劳的蜜蜂"。

懒惰的微生物

微生物世界中既然有勤劳的微生物，当然也有懒惰的微生物，它们自己不劳动，只靠从别人那里获取营养物质为生。但在这群懒惰微生物群体中，有一类相比之下还比较勤劳，它以光能为能源，以有机物作为碳源，通过光合作用把有机物转变为自身生长所需要的物质。尽管它们勤劳，它们还

寄生菌

是要从别处获取有机物后才能工作。科学家把这群微生物称为光能异养微生物。剩余的懒惰微生物，科学家把它们称为化能异养型微生物。它们与光合异养型微生物的区别是不利用光合作用，而利用化能合成作用，甚至它们有的一部分完全依靠从别处获取养料。根据有机物的来源不同，可以

把懒惰的微生物分为腐生菌和寄生菌。腐生菌利用无生命的有机物质，而寄生菌从活的有机体中获取营养物质。自然界中还存在着不同程度的既可腐生又可寄生的类群，称为兼性寄生菌。寄生菌和兼性寄生菌大都是有害的微生物，可引起人和动物的传染病和植物病害。腐生菌虽不致病，但可使食品等变质，甚至引起食物中毒。化能异养型微生物的种类多，数量也多，包括绝大多数的细菌、放线菌，所有的真菌和病毒。

贪吃的微生物

自从列文·虎克第一个看到微生物以来，300多年来，科学家们对微生物的认识逐渐加深。研究发现微生物是一个名副其实的贪吃的"大肚汉"。现已发现，凡是动植物能够利用的营养物质，如淀粉、麦芽糖、葡萄糖、有机酸、蛋白质、维生素……微生物均能来者不拒，照单全收；一些动植物不能利用的物质，甚至是剧毒的物质，微生物也照吃不误。剧毒的氰化物是一些镰刀菌、放线菌和假单胞菌的美味佳肴，空气中的氮气是固氮菌

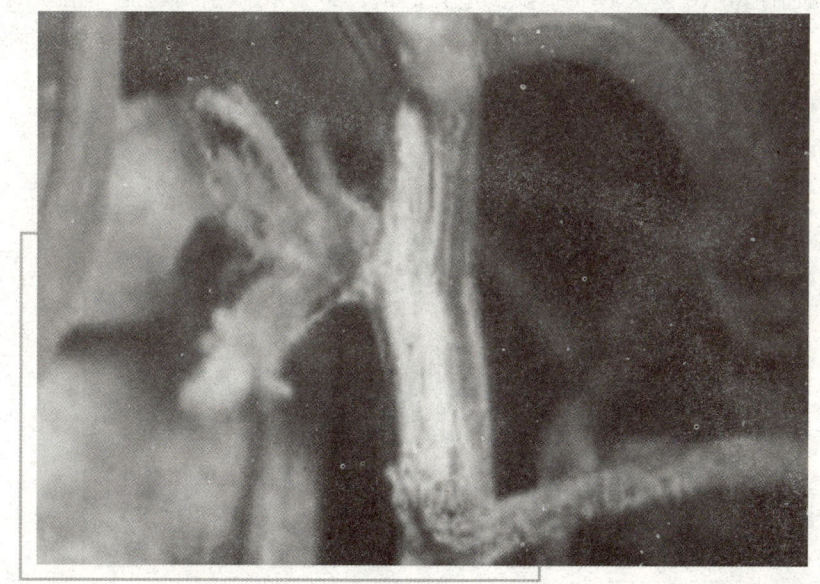

镰刀菌

的主食；一些复杂的有机物如鱼虾外壳中的几丁质，现代工业的产物石油、塑料酚类，也能成为微生物的开胃点心。可以毫不夸张地说，只要有新的有机物合成，不管它的结构如何新颖复杂，只要一遇到微生物，肯定逃不掉最终彻底毁灭的命运。但微生物在自然界中各种元素和氮、磷、钾、碳的循环中起着重要的作用，没有微生物的分解作用，物质会越来越少，世界将会因为不能进行物质循环而最终永远地停止下来，所以说微生物在自然界中的作用还是很大的，只要善于利用，就会化害为益。

五世同堂的微生物

对于动物和植物，人们是比较熟悉的，而微生物对有些人而言就陌生了。其实，它们在生物界里的资格最老，历史最悠久，可人们发现它们还只有300多年的时间。微生物的个儿很小，平时我们的肉眼是看不见的，它们惊人的生长和繁殖速度，是任何动物、植物所无法比拟的。通常，10多分钟时间微生物就能由小变大，而猪体重增加1倍需30多天时间，野草体重加倍也得10多天。如果条件适宜的话，20分钟微生物就能产生新的一代，不到1.5小时便能"五世同堂"了。在人体的大肠中有一种大肠杆菌，

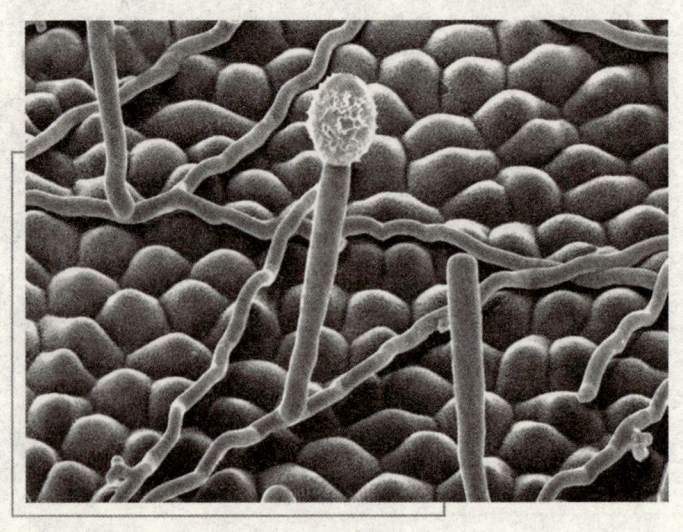

微生物的分裂

它的繁殖力更为高强，在37℃的牛奶中，只需12.5分钟就能分裂一次，产生新的一代。如果以通常所说的"20分钟"分裂一次来计算，那么一个大肠杆菌在24小时后就可产生大约23611亿亿个后代，如每个杆菌的重量为十亿分之一毫克，那么两天后，一个杆菌的后代总重量为219916亿亿吨，相当于3680个地球那么重。当然，由于各种条件的限制，微生物是不可以一直保持这各种繁殖速度的。人体掌握了微生物的这些特点，通过人工创造好的条件培养各种微生物，我们就能得到许多有用的产品。如喝的酒，吃的酱，以及治病用的各种药物。

有顽强毅力的微生物

在漫长的进化历程中，微生物经受了各种复杂环境条件的影响和选择，结果使它们在抵御各种不良环境因素方面达到了生物界"冠军"的地位。它们有极强的抗热性、抗寒性、抗盐性、抗干性、抗酸性、抗碱性、抗缺氧、抗压、抗辐射以及抗毒物等能力，例如：从美国黄石公园温泉中分离到的一株高温芽孢杆菌可在沸水（92℃~93℃）下生活，如把它培养在恒化器内升温至100℃还能生长；如果同时升高压力，则温度提高到

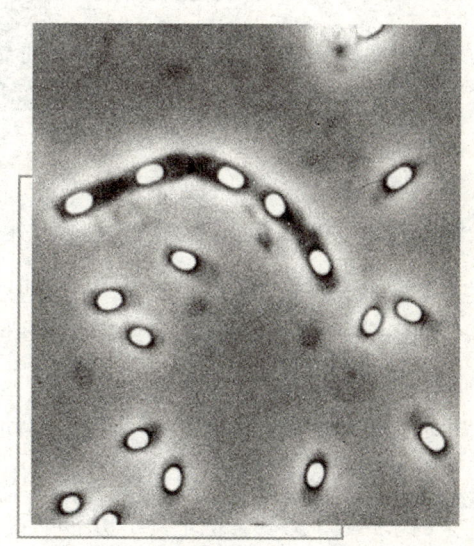

芽孢杆菌

105℃时还能生长。有些嗜冷菌可在-12℃生活，有些嗜酸菌，生活在pH值0.9~4.5的环境中，还有些嗜压菌生活在海底10000米、水压高达1140个大气压处。世界上最著名的咸水湖——死海，虽其含盐量高达23%~25%，却还有许多细菌生活在其中，故从微生物学家的角度来看，死海根本不"死"。可见如此有顽强毅力的生物不愧为生物界的冠军。

不死的孢子

生物中谁的生命力最强？谁最能抵御外界各种不良环境？是细菌的孢子！孢子的体积极小，但它忍耐恶劣环境的能力却是其他生物所无法比拟的。不论严寒酷暑、干旱高压，都不能损伤它分毫。小小的孢子有这么大能耐的原因是什么呢？现在比较普遍的解释有两种：一种认为是孢子外有一层膜保护了孢子，使其免受伤害。别小看这层薄薄的膜，它就像一层天然屏障保护着里面

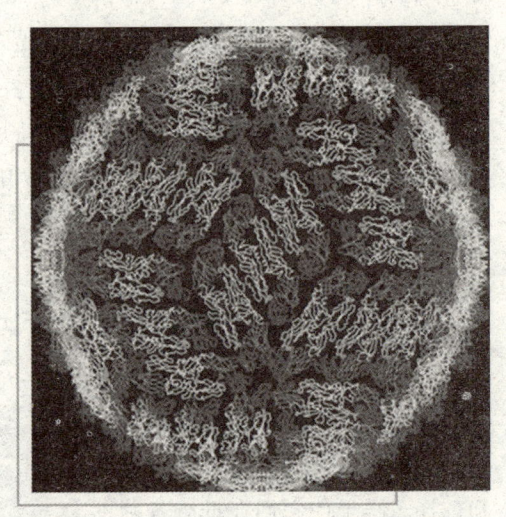

细菌孢子

的孢子不受伤害，并有一定的防止水分外泄的功效。另一种说法认为孢子强大的生命力在于它较低的含水量。孢子内部的含水量只有20%左右，比普通生物含水量的1/3还少。此外，在孢子内的水大多与其他物质结合在一起，活动性很差，可以自由流动的水很少。这样，含水少，又缺少流动的水的孢子，生命的活动就不活跃，像动物冬眠一样，美美地睡上一大觉，当外界的环境适宜时，才破膜而出，长出新的细菌来。所以千百年来，细菌的家族人丁兴旺，孢子真是功不可没啊！

最小的微生物

自从300多年前，荷兰人列文·虎克第一次在自制的显微镜下发现了微生物以来，细菌曾被认为是最小的生物。直到1892年前人们对此还是坚信不疑的。然而1892年俄国青年植物学家伊凡诺夫斯基推翻了这一种说法。那时候，俄国的大片烟草田里发生了可怕的瘟疫，烟叶上长满了奇怪的疮

类病毒

斑。伊凡诺夫斯基经多次观察，仍无法找到引起花叶病的细菌。后来，他把细菌过滤，发现花叶病不是由细菌引起的，它的祸首是比细菌还小的生物——病毒。病毒是最小的生物吗？也不是。20世纪70年代，美国科学家从马铃薯和番茄叶中发现了一类更小的微生物，它的个头只有已知的最小病毒的1/80。人们把这类微生物称之为"类病毒"。类病毒只有赤裸裸的核酸，没有其他结构，它们只能寄居在别的生物细胞内，利用现成的物质来合成、更新自己的身体，一旦寄主死亡，就会另觅新寄主。到目前为止，类病毒是已知的最小的生物。随着科学的发展，是不是还会发现更小的生物？现在谁也无法作出肯定的回答。

虫牙的来历

龋齿俗称"虫牙"，因为人们得了龋齿后牙齿会很疼。在古时候科学不发达，以为是由于虫子蛀食了牙齿，才形成了龋齿。于是就有一些人借此为生，专门为患牙病的人挑"牙虫"，他们能从患者口腔中"挑"出细小的白身黑头的小虫来。后来，把戏被揭穿了，这里所谓的"牙虫"其实是韭

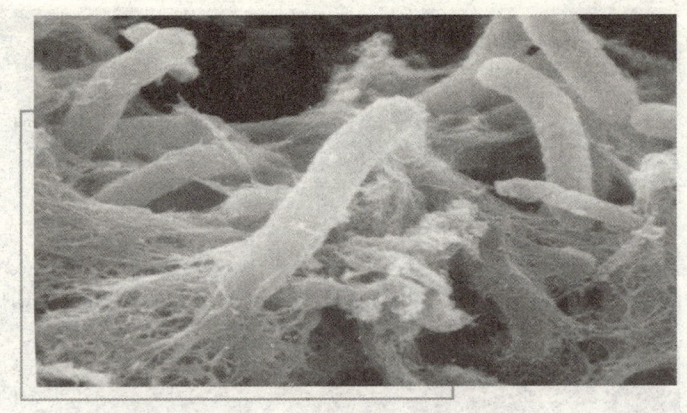

常见的乳酸菌

菜或葱的种子发芽后的胚芽部分,细小而微弯,很像一条白身黑头的小虫。治病时,将这种"虫"藏在手中,到时魔术般地变出来,就变成从牙中"挑"出来的"牙虫"了。既然龋齿不是由于在牙中有虫子作怪,那为什么牙还会痛呢?原因是很复杂的,但大多是由于牙齿间常有各种食物残屑,经过微生物的作用(如乳酸菌)就会产生酸,经过酸的长期侵蚀,牙齿就会形成空洞,空洞越来越大就会碰到牙髓中的血管和神经,神经的感觉十分灵敏,这时吃东西就会牙痛。另外,吃饭时挑食,体内缺乏某种矿物质和维生素,致使牙齿发育不良,也容易患龋齿。因此,应养成不偏食,多吃蔬菜和粗粮,早晚刷牙,定期检查,发现牙病要早治的好习惯。这样,人人都会有一口健康的牙齿。

冷藏不能灭菌

人人都知道,冷藏是保存食物的一种方法。在严冬腊月,食物可以贮存得比较长久些;而在温暖的环境中,吃剩的饭菜、点心、熟食等食物,隔上一天或一夜就会发馊、变质。冷藏真的能灭菌吗?细菌学家曾做这样的实验:取一桶冰淇淋,故意放入致病的伤寒杆菌,经测定,每毫升冰淇淋里大约含有5000万个活的伤寒菌;把冰淇淋放进冰箱内,隔了5天后,取出一桶进行检定,发现每毫升里还有1000多万个活着的伤寒菌;继续冷冻至20天后取样测试，这时每毫升冰淇淋里还有200万多个伤寒菌；过2个月后检查，里面还有60万个活菌存在；一直冷冻到2年零4个月再取出测定，发现这时每毫升竟然还存在6000多个活的伤寒菌。这一试验有力地说明：冷冻的方法，只能起到限制细菌生长、繁殖的作用，并没有杀死、消灭细菌的效力。因此，冰箱、冷库里的食物，食用前仍需采用烧熟、煮透等办法灭菌后才能食用。

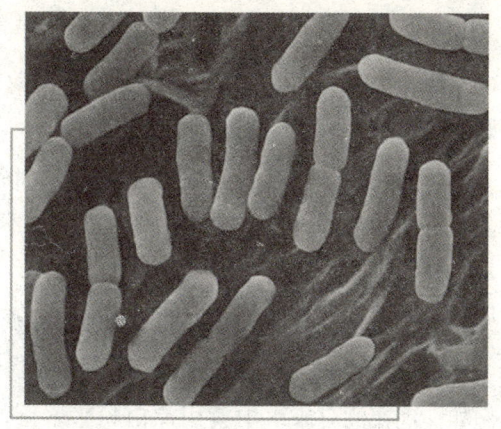

伤寒菌

灭菌手段

常用的红外线灭菌设备

　　微生物，尤其是能使人患病的微生物对人类的危害极大。因此，我们要想尽一切办法彻底杀死它，这就是灭菌。通过与有害微生物斗争的多年实践，人们总结出了许多行之有效的灭菌手段。

　　（1）高温。微生物和其他生物一样，没有合适的温度就不能生长，并且都惧怕火的威力，其中"火烧"是最古老也是最有效的灭菌手段，一切微生物均逃不出烈火的手掌心。其次，用煮沸、蒸汽、干热来灭菌均是行之有效的高温灭菌方法。

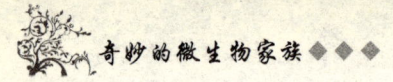

(2) 阳光。在太阳光中有一种肉眼看不见的光线——紫外线，它具有很强的杀菌能力，许多微生物都怕紫外线，因此勤晒衣被是预防传染病的好方法。

(3) 射线。许多放射性元素都能发出各种波长的射线，它能产生比太阳光更强的杀菌力，在食品贮存方面取得不少成就。

(4) 通风。通风不能杀死任何有害微生物，但它可将大量含有有害微生物的污浊空气排出去，有助于预防传染病。

(5) 化学药剂。通过对细菌等微生物的代谢生理抑制来杀死微生物。例如：现在的自来水中就用漂白粉来杀菌。尽管人们在长期与有害微生物的斗争中，找到了许多消灭和防止有害微生物的办法。但是，一旦患病，仍需立即选用有效的药物来对症治疗。

无菌技术

了解微生物，就不可避免地要涉及无菌技术。在列文·虎克亲眼看到细菌等微生物后，几乎历经整整2个世纪，人们才逐渐体会到：要研究自然界中随处存在、数量庞大、杂居混生的微生物世界中的某一特定"公民"，首先要为它创造一个无任何杂菌干扰的无菌环境，这就是所谓的无菌技术。无菌技术按其处理后所能达到的无菌程度可分为4类。

(1) 灭菌：指彻底、永久地消灭物体内外部的一切微生物；

(2) 消毒：消除物体表面或内部的部分致病微生物；

(3) 防腐：完全抑制物体内外部的一切微生物，但一旦将此因素去除，原有的微生物仍可活动；

(4) 化疗：即利用某种化学药剂对微生物和其宿主间的选择毒力的差别来抑制或杀死宿主体内的微生物，从而达到防治传染病的效果。

无菌技术与人类的经济活动和日常生活息息相关，全世界每年仅因微生物引起的霉烂、腐败、变质而损失的粮食达2%以上，如果我们能自觉地广泛应用无菌技术来防治有害微生物对工农业产品的霉腐或发酵过程的染菌，则经济效益将是很大的。

蓝细菌的毒素

通过前面的论述,我们对蓝细菌有了一个大致的了解,知道了它的益处,例如:生物固氮,光能合成有机物等。现在我们来看看蓝细菌的危害。早在1878年5月在《自然》杂志上发表的一篇文章中就指出:在默里河入海处蓝细菌的繁殖已对生物造成极大的危害,蓝细菌形成像绿色油漆那样的厚厚的一层浮渣,约5~15厘米厚,犹如一锅又浓又稠的粥。当动物饮用之后,就会昏迷,丧失意识,头颈向后歪,均在12小时内死亡。研究人员发现,罪魁祸首就是这些肉眼看

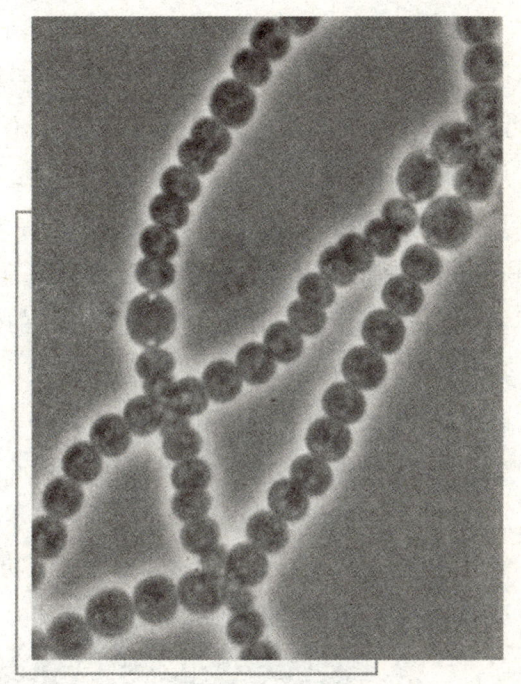

念珠蓝细菌

不到的蓝细菌,在蓝细菌体内含有毒素,当水体中的氮和磷的浓度增加或者风的吹拂等原因使蓝细菌逐步聚集在一起时,就可能发生中毒事件。蓝细菌的毒素有很多种,其中不乏有致命性的毒素。例如蓝细菌的"肝毒素",它们伤害动物肝脏并在几小时到几天内毒死动物。"变性毒素A"可连续刺激人的肌肉,发生肌肉颤搐和痉挛,最终死于惊厥和窒息。并且这种毒素不能被降解,也没有研制出抗变性毒素A的阻抗剂。因此,防止死亡的方法只能是识别有毒的水并阻止动物和人类饮用它们,直到把蓝细菌减少到规定数目以下。

细菌内毒素

我们知道：许多疾病是由于人体被细菌感染所引起的，这些细菌在人体内分泌出各种蛋白质，进入人体的各个系统中，引起发热，昏迷等症状。这些毒素被称为"外毒素"。在1982年，有两位科学家分别阐述了不符合外毒素特征的一些毒物，并且有人注意到这些毒素并不主动向外分泌，而是隐藏在细胞内，因此取名为"内毒素"。这类毒素为革兰阴性细菌所特有。当内毒素由于细菌体破裂或受刺激等原因被释放到血液中去时，通常主要影响和刺激巨噬细胞，与巨噬细胞上的受体cd14结合，产生一系列生物学反应，导致人类患病。但最新研究发现：细菌产生内毒素的原因与细菌的繁殖有关，可以说细菌的内毒素是许多细菌完整的一部分，它能在产生内毒素的细菌上形成一稳固防御物，阻止许多抗生素与那些侵染的细菌进行格斗。也有研究人员认为，接触内毒素分子是发展免疫系统并使之有活力的必经之路。总之，内毒素对人类有功也有过，人们正在努力阻止其坏作用而利用其有益的方面。

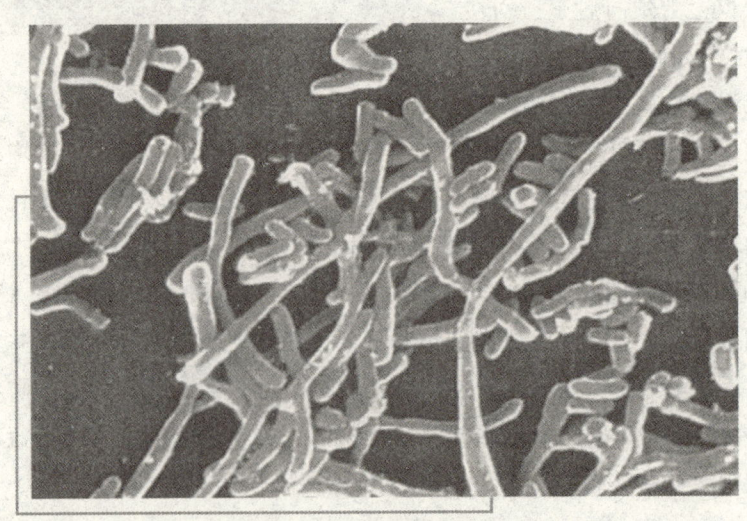

具有代表性的内毒素

微生物的侵入途径

在微生物家族中，引发传染病的，主要是细菌和病毒，它们的危害性最大；由放线菌和真菌引起的疾病则较少。致病微生物进入健康人、畜的肌体，一般是通过患者及带菌的人、畜与健康人、畜的直接接触来完成的。如果没有合适的侵入途径，还是不能构成传染。例如伤寒杆菌必须经口腔进入人体，先定位在小肠淋巴结中生

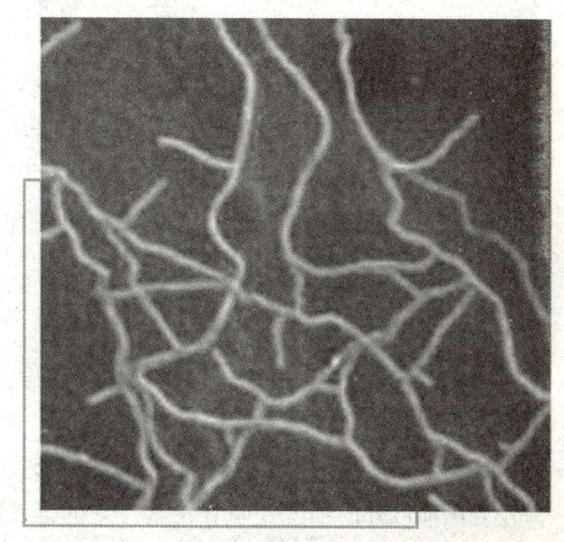

放线菌

长繁殖达一定数量，然后进入血液导致人患病。根据各种病原微生物侵入部位的不同，可以分为以下几种传染途径：①通过呼吸道侵入。这是病菌最常走的一条"路"，它们的侵入，不但使人们患上各种传染病，而且也使病人成了传染这些病的"传染源"，经常造成疫病的大规模流行。②通过消化道侵入。俗话说"病从口入"，伤寒、痢疾等消化道传染病，一般都是由于误食污染的食物而引起的。③通过皮肤和黏膜侵入。动物为保护身体而生长的一层皮肤，是一道防止侵入的有效防线，但是一旦出现伤口，就会被细菌"乘虚而入"，引起各种炎症、疾病，严重的还会危及生命。④虫媒传染。有些蚊虫是病原菌的中间宿主，由它们叮咬动物和人来传播疾病。以上是微生物的4种主要传播途径，为了防止疾病的传染，应注意卫生，勤加打扫才能有一定的预防效果。

微生物的致病机理

可以说,人们每时每刻都在同微生物进行接触,但并不是每个人都有病,这是为什么呢?原来自然界中的微生物只有少数能引起人类的疾病,我们把它们统称为病原微生物。即使人们遇到病原微生物侵入体内也不一定会发病,这与病原微生物的毒力、数量、侵入部位有着密切的关系。侵入部位不对,即使进入人体也毫无作用。没有一定的数量,病原微生物也不能使人致病。

如果一旦具有一定的数量且侵入的部位正确,那就与病原微生物的毒力有关了。毒力是指病原微生物的致病能力。各种病原微生物的毒力常不一致,即使在同一种细菌中,也有强毒、弱毒和无毒株之分。绝大多数致病微生物使人生病的原因是由于它们能分泌毒素,这些毒素有两大类:①分泌到菌体以外的毒素,叫外毒素,它的毒性很强。例如:引起食物中毒的肉毒杆菌的外毒素,仅仅1毫克就能杀死2000只小鼠。②存在于细胞内的毒素,它们并不排出体外,只有当菌体死亡溶解时,毒素才释放出来,引起患者中毒,此类毒素称为内毒素,它的毒性较弱。弄清了致病微生物

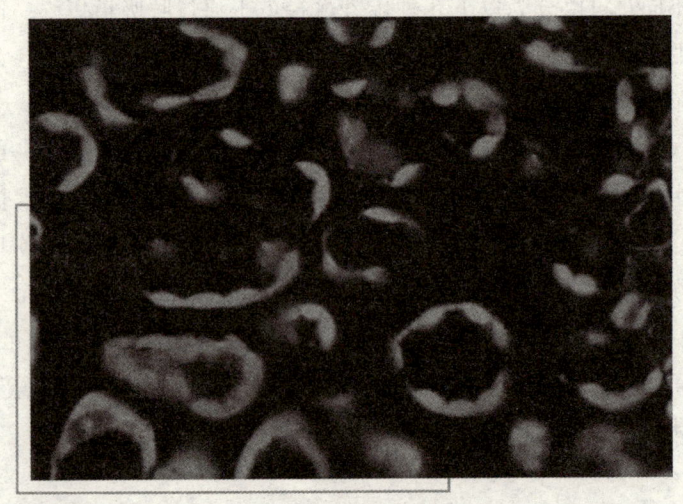

内毒素

的致病机理,就便于我们寻找对付各种致病微生物的有效办法了。

人体与微生物的对抗

可以毫不夸张地说,人体处在一个充满微生物、充满危险的世界中。人类的致病与治病是同病原微生物的一场永不停止的斗争,在这场斗争中,人类逐渐形成了一系列的对策,这就是人体的免疫,它包括两种:①非特异性免疫,这是人们生来就有的免疫力,它为人体建立了3道防线,第一道防线是皮肤和黏膜的防御机能,对微生物的侵袭起到机械的屏蔽作用,同时还能分泌杀菌物质。第二道防线是吞噬作用,如果皮肤和黏膜被病原微生物突破了,人血中的白细胞就要马上赶到,将侵入的病菌吃掉。还有一道防线是体液杀菌,在正常人的血液和人体组织所含有的体液都含有多种能抑制或杀灭细菌的物质,它们具有中和毒素和溶解细菌的本领。但由于各人的体质不同,年龄不同,神经类型不同,其自然非特异性免疫的功能也就不同,所以才会有的人得病,有的人不得病。②还有一种免疫功能叫特异性免疫功能。在人体经预防接种,或感染了某种病原微生物以后,产生特定的免疫力,使人不患某种传染病,或战胜某种传染病而康复。现在人们常打的预防针就是一种增强人体特异性免疫功能的方法。虽然人体有两种免疫能力,但一旦有了病,仍要及时医治,以免小病拖成大病,甚至危及生命。

微生物的猎人们

列文·虎克——第一个发现微生物的人

当人们回顾科学上的许多基本发现时，有些现在看来是如此之简单。然而在这之前人们摸索忙乱了好几千年，竟看不见就在眼前的事物，对于微生物就是如此。在300年前，人们还不知道微生物的存在，如果你患了腮腺炎，你问你的父亲："腮腺炎是怎么得的呀？"他会告诉你因为有个腮腺炎鬼怪钻进了你的身体作祟。直到安东尼·列文·虎克的出现才改变了这种现象。1632年，安东尼·列文·虎克生于荷兰德尔夫特市，家庭属于极受尊敬的酿酒阶层。16岁起，

列文·虎克

他就在阿姆斯特丹的一家布店当学徒，21岁后离开布店并结了婚，直到40岁，他被人看作一个无知无识的人。他只懂得荷兰语，上层人士的拉丁文他连读都不会读。但就是这样一个人在20年里，凭着自己的执著，学会了磨透镜的技术，他磨成的透镜在全荷兰首屈一指。他利用这些透镜制成了世界上第一台显微镜。这是一台十分简单的显微镜，比现在任何一台显微

镜都简陋,但就是在这样的条件下,安东尼·列文·虎克第一个在雨中水中发现了微生物的存在。他把它们叫做"小畜生"。其后,他又在各种物质上发现了这些"小畜生"的踪迹。为此他被选为英国皇家学会的通讯会员,直到 1723 年,当他已 91 岁时在病榻上弥留的时候,他还请人把自己的信翻译后寄给英国皇家学会。列文·虎克以他的严谨、诚实,为人们打开了一个新天地。

保罗·埃尔利希——六〇六的发明者

我们知道砒霜的主要成分是砷,它有剧毒。六〇六的主要成分中就有砷的存在。六〇六的全名为"二氧二氨基偶砷苯二氢氯化物"。它的发现者就是保罗·埃尔利希。保罗·埃尔利希,1854年3月生于德国的西里西亚,曾到布鲁雷斯劳的大学预科学习,后来又在三四所医学院中学习,他的作文"离奇古怪",被认为是一个极其低劣的坏学生。喜欢用各种染料染色。他认为:一定有一种染料,它不进攻人的组织,而只进攻侵害人的微生物并把它们杀死。15年以后,他梦想的这件事才有机会一

保罗·埃尔利希

试。保罗·埃尔利希于 1902 年动手猎逐微生物。最初的日子十分辛苦,试了近 500 种染料都不成功。虽然也曾有过一时的光明,但都没能留住。最初的 591 种砷化合物就是这样的无情。然而此后情况逐渐好转,直到 1909 年,他迎来了他伟大的日子,第 606 种砷的化合物终于研制成功,它对锥体虫的致命功效强大无比,给马髓病有力的一击。并且还发现六〇六对苍白螺旋体也有良好的疗效。六〇六的问世,拯救了无数病人的生命,现在六〇六仍应用于临床。

科赫——与死亡作斗争的战士

1860～1870年的十年间，正是巴斯德发现蚕病原因，且因挽救造醋业而使帝王们吃惊的时候，有一个矮小、严肃和近视的德国人，正在哥廷根大学学医，他叫做罗伯特·科赫，是一名好学生。他的梦想是做一名探险家或到天涯海角去旅行。但最终他做了一名普鲁士乡村医生。但是，罗伯特·科赫却没有安居乐业。他从一个村子移居到另一个村子，

为纪念科赫而发行的邮票

终于迁到东普鲁士的马尔斯太因。在那里，当他过28岁生日时，夫人给他买了一架显微镜供他消遣。就是这架供他消遣的新显微镜，使科赫去作更奇特的探险。科赫最初的研究完全利用业余时间，他在为病人看病之余，全身心地投入观察中。他利用老鼠做实验，把炭疽病的病菌传染给老鼠，他利用自己制造的简陋装置，观察到病菌的繁殖，并且还看到了微生物的芽孢，这在当时是两项极为重大的发现。从此科赫飞离了许许多多无名医生的队伍，降落在最有独创性的研究家之中了。他发明了用固体培养基来获得微生物纯培养的方法，他捕获了结核病的微生物，并成功地用染料将它们染成蓝色。并用实验证明结核病的传播是因为吸进了附有微尘的细菌。他用无可辩解的事实证明：微生物是我们致病的原因，是杀死我们的凶手。他还使猎逐微生物近乎成为一门科学。

斯巴兰扎尼——找到微生物母体的人

1729年,第一位微生物猎人列文·虎克含笑长眠的第六年,另一位微生物猎人在意大利北部的斯坎提阿诺诞生了。他的名字叫拉萨罗·斯巴兰扎尼。在斯巴兰扎尼所处的时代,成为一名科学家比列文·虎克开始磨透镜时要受尊敬得多,也安全得多。各种学术团体不必再在地下室或漆黑的房间里集会了。对迷信提出疑问不但得到许可,而且成了一种时尚。但在斯巴兰扎尼时代,公众是主张生命可以自发产生的一派。许多人相信动物无需母体,它们可能是一种讨厌的脏物堆里的不幸私生儿。举个例子吧,这里有一张据说确凿可靠的方子,保你得到一大群蜜蜂。请牵来一头小阉牛,当头一击打死它,把它埋在地下,身体直立,双角伸出。埋它一个月然后把角锯掉,就会飞出你的一群蜜蜂来了。斯巴兰扎尼用无可争辩的事实证明微生物必有母体。他把许多装有汤汁的烧瓶口用火烧熔后,把它们密封起来,放在沸水中煮一个小时,结果其中就不会有微生物的产生,但如果敞在空气中,不久就会布满微生物。他的这一发现为以后的研究奠定了基础。正如后人对他的评价:他的工作建成了崇高明净的大厦,供巴斯德和法拉第等人进去工作。

鲁和贝林——拯救无数婴儿生命的人

在19世纪80年代初期,白喉病特别猖獗。这种病十分可恶,每个世纪中总有几次发作。医院的儿童病房中,白色枕头上的小脸,已经被一只不可知的手扼得脸色发青。医生在病房里进进出出,束手无策,有半数以上的儿童无法逃脱死亡的阴影。鲁和贝林是拯救这些婴儿的人。鲁的全称为埃米尔·鲁,他是巴斯德的狂热助手,在1888年拿起老师放下的工具,开始自己的研究。他利用豚鼠和兔子作为实验材料,进行培养白喉病菌。他证明了白喉菌可以从它的微细身体里渗出一种毒素来,一盎司纯粹的毒液,足以使75000只大狗丧命。鲁的发现说明了白喉菌怎样害死婴儿,但他找不到方法制止它的肆虐。治疗白喉的方法是另一个叫埃米尔的人发现的。他就是埃米尔·奥古斯特·贝林。他在科赫的实验所工作。他首先利用碘治疗白喉，效果甚微。后来他采用进行抗毒药物的寻找，用一些劫后余生的动物血清来对动物进行免疫，终于找到了治愈白喉的药物。贝林的成功使患白喉的孩子死亡率减至3%左右，拯救了无数婴儿的生命。

梅契尼科夫——微生物免疫学的先驱

伊利亚·梅契尼科夫是犹太人，1845年生于俄国南方。在他还不到20岁时就说："我有热诚和才能，我天资不凡——我有雄心大志，要做一个出类拔萃的研究家！"在哈尔科夫大学学习时，他曾向他的教授借来一台当时稀有的显微镜，相当模糊地瞧过后，就开始了他的研究工作。梅契尼科夫一生的前30年，是一种乱叫乱喊，险遭不测的摸索过程。直到1883年，巴斯德和科赫的发现使大家对微生物像着了魔似的时候，梅契尼科夫忽然从自然学家一变而为微生物猎人。他在研究海星和海绵消化食

梅契尼科夫

物的方法时发现：在这些动物体内有一些奇怪的细胞，它们可以自由地从一个地方移动到另一地方，他称它们为游走细胞，一次他把一些洋红色的细粒放进一只透明的海星幼体内，看见这些游走细胞逐渐聚集到洋红色细粒的周围，并把它们吃掉了。这是微生物免疫学的开端，它证实动物经受微生物攻击的原因。人们给游走细胞起了个科学的名称，一个希腊文名字——"phagocytes"，这个希腊词的意义就是吞噬细胞。这个名称现在仍在广泛使用。梅契尼科夫的这一发现为人类战胜各种微生物疾病提供了理论依据。为各种疫苗的研制和使用奠定了基础。

西奥博尔德·史密斯——阻断提克萨斯牛瘟的人

西奥博尔德·史密斯这个名字并不像巴斯德、科赫等著名微生物猎人那样响亮，但他的发现使人类转入一个新的领域，对微生物的认识更进一步。西奥博尔德·史密斯是康奈尔大学的哲学学士，奥尔巴尼医学院的医学博士。他特别热衷于微生物的研究，毕业后，他成为华盛顿畜产局的一名职员。正在这个时候，饲养牲畜者正被得克萨斯牛瘟这种极奇怪的病害得坐立不安。南方牧牛人买来北方的牛，同完全健康的南方牛在一起放牧。一个月后，牛群就全部四肢僵硬地躺在田野上死去了。南方的牛运到北方后，它们也会死得一干二净。引起这种牛瘟的原因是什么呢？当时的微生物工作者们竭尽全力在牛的各个部位寻找致命病菌，结果都一无所获。而西奥博尔德·史密斯却发现了致病的凶手，它们就是牛身上的一种寄生虫——扁虱。西奥博尔德·史密斯的这个发现，使人类转了一个弯，让他们看到疾病可以由一种完全新的怪异的途径传播——由一种昆虫，而且只能通过那种昆虫。西奥博尔德·史密斯使人类第一次有能力设想另一个世界。

西奥博尔德·史密斯

布鲁斯——昏睡病的克星

19 世纪 90 年代初，在美国，西奥博尔德·史密斯刚完成那个革命性的发现，在微生物猎捕上向前跃进了一步——他证明一种扁虱而且只有一种扁虱，会把死亡从一个动物传到另一个动物。后来，戴维·布鲁斯又继续研究下去。戴维·布鲁斯，一派温文尔雅的学究气，毕业于爱丁堡医学院，

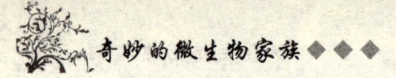

后来进了军医处,成为一名军医,随部队征战东西。后来的一次战役中,死亡来到了赤道中非国(现名中非共和国)的维多利亚湖边的尼安萨。死亡会突然出现在原来平安无事的村子,虽然是缓缓的,却毫无痛苦,只从高热转为无可救药的懒惰,这在湖岸上忙忙碌碌的土人中是一种怪现象;生病的黑人吃着饭就张开嘴巴睡着了,由昏昏沉沉直到不省人事,最后再也醒不过来了。没过几年,这病就使几十万人死亡。皇家学会派戴维·布鲁斯前往,他在病人的脊髓中发现了一种奇怪的小动物,它的后端是钝的,有一条挥动的细鞭子,布鲁斯称它为锥体虫,而传播这种病菌的动物就是一种昆虫——舌蝇。在舌蝇的分布区内就会有昏睡病发生。布鲁斯采取一系列措施,甚至采取迁走舌蝇分布区内的人等手段,最终使昏睡病得到控制,拯救了无数人的生命。

罗斯与格拉西——消灭疟疾的功臣

疟疾是热带地区极为常见的一种地方病,患了疟疾的人体温会忽冷忽热,并有一定的规律,有的 2 天一发病称为间日疟,有的 3 天一发病称为三日疟,还有恶性疟等多种不同病程的发作。有些地方也称之为"打摆子"或"发疟子"。这种病的凶手就是小小的蚊子,而且是特定的蚊子才有可能传播疟疾。是两个人解开的这个谜,一个叫罗纳德·罗斯,是印度医务处一个并非特别杰出的军医。另一个叫巴蒂斯塔·格拉西,意大利人,在蠕虫、白蚁和鳗鱼的活动方面是极有名的权威。很难说他们的贡献谁多谁少——没有格拉西,罗斯肯定解决不了难题。而格拉西呢,如果没有罗斯的研究给他启发,也许还要多摸索几年也说不定,因此可以断言,他们是相辅相成的。最初的实验可以说是失败的,在几百个印度患疟疾的人体内抽的血中,什么也找不到。后来他们在一位优秀的英国医生帕特里克·曼林发现的蚊子能从中国人(他曾在上海行医)的血液里吸出蠕虫来的事例中得到启发,最终在蚊子的胃中发现了疟疾的病原菌,从而揭开了疟疾的面纱。为人类消灭蚊虫,防治疟疾,最终战胜疟疾开辟了道路。

巴斯德——微生物学的奠基人

1831年,微生物学处于停滞不前的阶段,而其他科学却在阔步前进。直到巴斯德的一系列重大发现问世,才使人们又一次对微生物产生了极大的兴趣。巴斯德全名为路易斯·巴斯德,是法国东部山区一个叫阿尔布瓦的村子的鞣皮匠的儿子。他是一名富有艺术家气质的人。20岁时,他已经在贝桑松中学当助教了。后来他迷上了化学,成了当时著名化学家杜马的一名学生。他在26岁时就有了重大发现。他对成堆细小结晶长时间的审视观

巴斯德

察后,发现有4种明显不同的酒石酸,而不是当时通常认为的两种。为此他成为年龄比他大3倍的学者们的朋辈。一次很偶然的机会,巴斯德的一名学生家长请他去看看出了毛病的发酵桶,从此把他引入了神奇的微生物世界。凭着他的化学家的功底,他从酿酒的原料中发现了造成酿酒失败的微生物,发明了著明的"巴氏灭菌法"。用这种方法可以使酒的保存期延长许多,从此巴斯德在微生物学的道路上越走越远,远远地超过了其他的人。他治愈了困扰畜牧业已久的炭疽病,预防了鸡霍乱的传播,找到了蚕患粒子病的原因。直到去世前,他还发明了用"十四次注射法"治疗被疯狗咬伤的狂犬病人的方法。巴斯德用他的一生为微生物学奠定了坚实的基础,无愧为微生物奠基人的称号。

发现微生物的工具

神奇的眼睛——显微镜

我们每个人都有一双宝贵明亮的眼睛,用它,可以看到五光十色的大千世界:山川、河流、飞禽走兽、树木、花草、鱼虫……可是自然界中还有许许多多人的肉眼看不见的微小生物,这就需要显微镜来帮忙了。

显微镜能把小的物体放大,可以用它去发掘另一个奇妙的微观世界。而这个世界的引人入胜和有趣并不亚于用肉眼能看到的宏观世界,所以人们把显微镜称为"神奇的眼睛"。

你可曾想到,如果将你周围常见的东西用显微镜去观察一下,将会是什么样子呢?一把土壤在肉眼下只不过是一些棕色的小颗粒。然而在显微镜下你可以看到许许多多大小不一、五颜六色的各种小生物,它们有的在爬行,有的在做弯曲动作。一片植物叶子,看上去除了有几道叶脉之外几乎是一片碧绿。若撕下一层表皮在显微镜下观察,那就是另外一番景象了。里边巧妙地排列着不同形状像盒子一样的图案,还有成对的半月形图形围成的孔洞,这就是气孔。它可开可关,植物就是通过这些气孔的开放进行气体交换和水汽蒸腾的。

显微镜可观察任何一样东西。从厨房里的一小块肉、各种蔬菜叶、水果、食盐、淀粉,到家里的各种布料、毛线,以及各种图书画片,我们的头发、皮肤、手指。乃至室外的各种大小植物的根、茎、叶、花、果实、种子，鸟的羽毛，昆虫的各个部分，都可以作为观察的对象。总之，这个神奇的"眼睛"可把我们带入一个微小的肉眼看不到的奇妙世界。

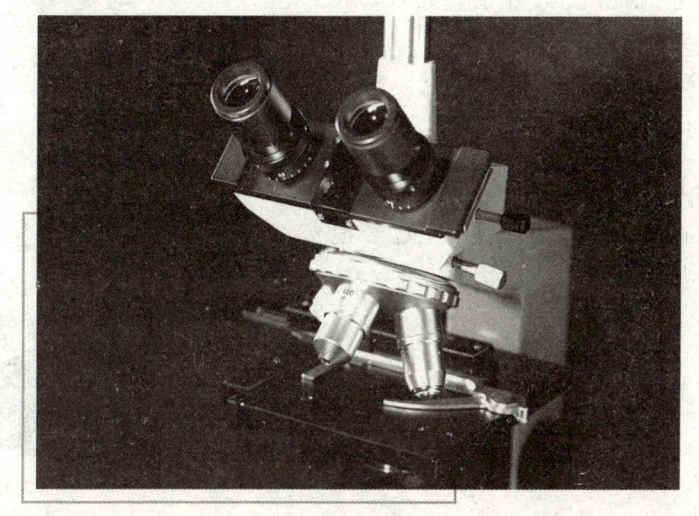

显微镜

显微镜发展至今已经有300多年历史了，人们借助于它，胜过了孙悟空的"火眼金睛"，已经钻入物质的微观世界中去了。我们因此了解了微观世界各种物体的内部"五脏六腑"，同时也深入了解这些"微小百姓"的容貌"美丑""大小""胖瘦"和"住处"……人们认识的每一步深化，都是伴随着显微镜技术装备的创新及突破得以实现的。

显微镜是古代透镜研磨工匠们及科学家集体智慧的产物，它不断改进完善，为自然科学的发展立下了汗马功劳。

最早的一台显微镜

据历史记载，世界上最早的一台显微镜是由荷兰的眼镜商人詹森父子于1590～1608年间创造的，但它并没有被保留下来。这台显微镜构造非常简单，是由两个双凸透镜组成的放大镜，放大倍数约为10～30倍。许多人用这台显微镜观察了许多整体小昆虫，如跳蚤等，所以当时人们称它为"跳蚤镜"。显微镜这一名词是法伯尔于1625年首先提出并使用的，此后就成了这类仪器的定名。

虽然詹森父子所发明的显微镜和今天的显微镜比较起来显得很简单，既没有完善的装置，又不能放大较高的倍数，但在显微镜的制造技术上已经把光学放大装置提高到显微镜水平。在显微镜史册上，詹森父子可称得上是最有名的开拓者。

重大发明和了不起的发现

到17世纪后半期，显微镜已有了突飞猛进的发展。1665年，一台具有科学研究价值并具有必要设置的复式显微镜问世了。它的设计及创造者是一位英国物理学家——罗伯特·胡克，他发明了和今天的显微镜在构造和功能上非常相似的显微镜。不仅放大倍数高，约放大140倍，而且结构设计得非常巧妙，具有目镜、物镜及镜筒，并把光学系统安装在一个支柱上，可上下移动，进行调焦，并在稳固的镜座上安装着可移动的载物台。它的照明装置也非常奇特，用油灯火焰作为光源，因为

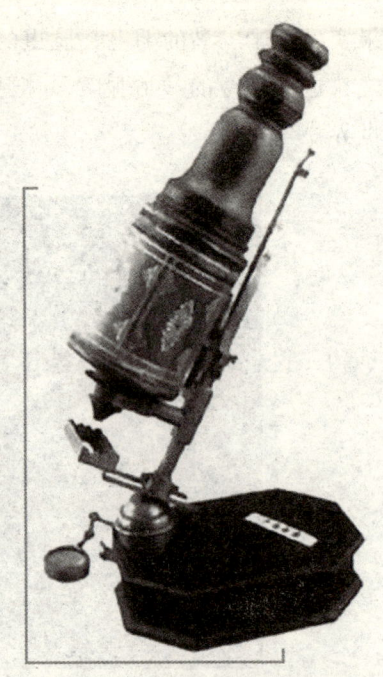

世界上最早的显微镜

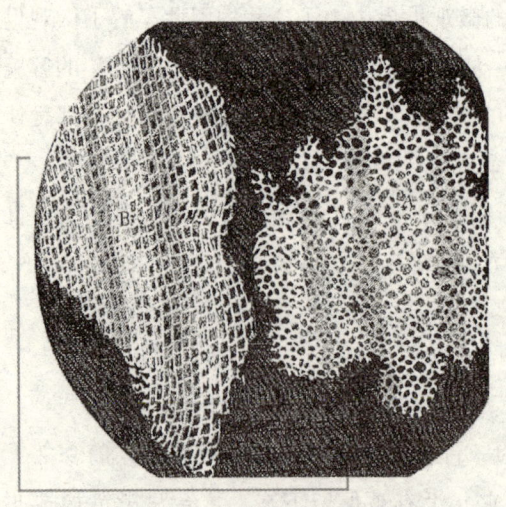

胡克观察到的软木片的细胞结构

当时还没有电灯。为了使光线很好地聚集在标本上，还安装了一个聚光水球和凸透镜，在当时这可称得上既巧妙又完善的一台显微镜了。

胡克用他发明的显微镜做了许多观察，并认真做了记录，画了图，写了《显微图谱》一书，并发表于1665年。在这本书中描述了他所见到的软木薄片是由一个个被分隔的盒状小室集合而成的，他曾写道："我一看到这些形象，就认为是我的发现，因为它的确是我第一次见到从未见到过的微小孔洞，也可能是历史上的第一次发现，使我理解到软木为什么这样轻的原因。"由于他首先叙述了这样的结构，并提出"细胞"一词，因此细胞的发现要归功于胡克。

英国科学家罗伯特·胡克

胡克的发现，引起了人们对生物显微结构的兴趣，纷纷用显微镜观察各种动物、植物材料，逐步认识到胡克当时所说的"小室"一词（中文译成"细胞"），实际上是植物死细胞的细胞壁，并不是完整的活细胞。一直到19世纪，人们才形成了"一切生物都是由细胞组成的"这一概念，这是19世纪三大发明之一。

卖布人发现了小"怪物"

和罗伯特·胡克同一时代，还有一个伟大人物叫列文·虎克。他是荷兰人，他的一生可以说是苦难的一生。在他刚生下不久，父亲就去世了，从小没有受过正规教育，但他聪明好学，好奇心强，非常喜欢读各种科学书籍，由于家里生活困难，他16岁就到一家布店去当学徒，21岁时，他自己开了一家布店。

列文·虎克空闲时，对磨制镜片非常感兴趣，起初，他发现用玻璃球看东西有放大作用,便小心翼翼地把玻璃球磨制成一个个平滑的透镜,用它观察店里的各种布条纹,目的是检验布的质量。强烈的好奇心促使他长期不断观察多种多样的肉眼无法看清的东西,如苍蝇的头部和翅膀,动物的毛发,植物的各个部分,人的头发、血液……这更激发了他磨制镜片的兴趣。他前后共磨出500多个大小不等的镜片,装配了200多架显微镜,有的显微镜甚至能把物体放大约300倍。

1667年的一天,列文·虎克用自己制造的显微镜观察池塘里的水,看着,看着,突然,他惊叫起来:"我看到了很多非常活泼的小怪物。"在这之后,他又用显微镜看到了种类非常多、相当优美的小怪物在不停地游动。他详细地记录了这些小东西的运动方式,还画出它们的形状。他原认为这是些小动物。后来经研究才发现这些运动的小动物是原生动物,即单细胞动物。这是一件非常了不起的发现。列文·虎克既是显微镜的发明者,也是原生动物最先发现者。

列文·虎克对每件事都好奇,他观察蛙、鱼的血液而发现了红细胞的核,观察鱼的尾部而发现了微血管。他研究的态度始终如一,小心、精确,而又反复不断地去观察每一件事物。

细菌天天和人们打交道,甚至不时从人们的鼻孔中进进出出,然而,由于人们用肉眼看不见它们,所以几千年来,人们竟不知道细菌是致病的因素,认为疾病是"神"和"上帝"对人类的惩罚,是谁第一次揭露细菌阴谋活动的秘密呢?是列文·虎克用他制造的显微镜。1683年,他在观察自己的牙垢和污水时,结果发现里头竟有许许多多奇形怪状的生物——微生物。他感到非常惊讶,他写道:"在一个人口腔的牙垢里生活的动物,比整个王国的居民还多!"

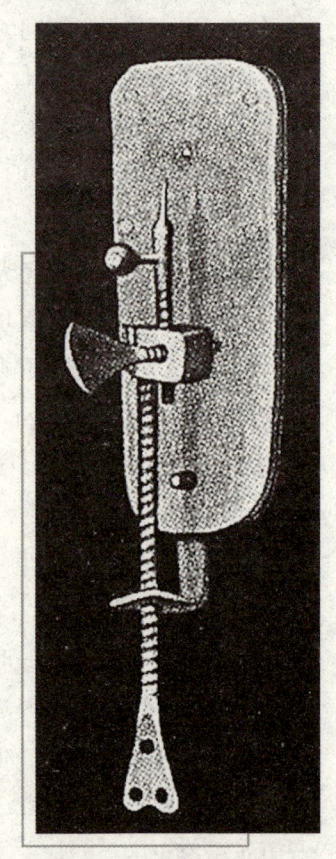

列文·虎克发明的显微镜

就这样，列文·虎克成了第一个发现细菌的人，一个卖布人登上了科学宝座。

平民出身的列文·虎克在显微镜上奇迹般的成就引起了当时许多权威人物的注意，就连英国女王也知道了列文·虎克的新发明，并向他提出，希望能用显微镜亲眼看一下那些小怪物。

有人对列文·虎克十分羡慕，紧跟在他的后边，追问他成功的"秘诀"。列文·虎克一句话也没说，只是伸出他的双手——一双因长期磨镜片而满是老茧和裂纹的手。

列文·虎克在去世时，他与他制造的显微镜已扬名于世界。为了纪念这个伟大人物的功绩，人们把列文·虎克当时制造的一台显微镜陈列在荷兰尤特莱克特大学博物馆里，一直保留至今。经测定，它的放大倍数为270倍，在当时，这个水平是很高的，直到19世纪初所制的显微镜也未能超过这一水平。

数百年后的今天，显微镜的制造技术已有很大改进，而且也无需你自己动手去磨制透镜。很多商店都有显微镜出售，只需花上几十元或几百元就可以买一台。有了显微镜，你不但可以重新观察到当年列文·虎克观察过的小怪物，而且还可以在更广阔的领域进行观察，成为这些领域的小发明家。

奇妙的光学仪器——眼睛

人的眼睛为什么能看到五光十色的大千世界，而对太远或微小的物体就看不清了呢？只要了解一下眼睛的结构，这个问题就迎刃而解了。

我们的眼睛，形状像个球，所以叫眼球，它是由眼球和眼球的内容物构成的。

眼球壁分为外膜、中膜和内膜三层。外膜又分前后两部分，前部是角膜，无色透明，因含丰富的神经末梢，所以感觉很敏锐。后部是巩膜，白色坚韧，有保护眼球内部的功能。中膜在外膜的内面，又分为脉络膜、睫状体和虹膜三部分。脉络膜占中膜的2/3，呈淡棕色，有许多血管和不透光色素细胞,所以它既能营养眼球又使眼球内部形成一个暗室。睫状体含有平滑肌,具有调节晶状体曲度作用。睫状体向前变为圆板状的薄膜——虹膜。虹膜内有平滑肌,可以调节瞳孔的大小,就像照相机的光圈一样,光线过强则瞳孔缩小,光线过弱瞳孔放大。眼球壁的内膜是视网膜,含有许多感光细胞,能感受光的刺激。视网膜中央正对着瞳孔的地方,有一小块黄色而凹入的部分,叫做黄斑,它是感光细胞比较集中的地方,物像落在这里,视觉最清晰,我们观察物体的时候,就需要精确地调节眼球的位置,使物像恰好落在黄斑上。

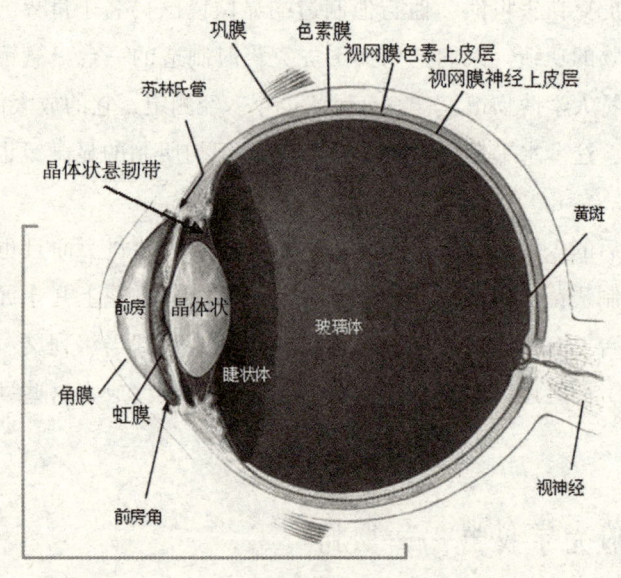

眼睛的结构

眼球的内容物包括晶状体、玻璃体和房水。这些物质都是透明的,和角膜共同组成眼球的折光系统。好似一台光学仪器,晶状体在虹膜和瞳孔的后方,像双凸透镜,有弹性,它的周缘依靠晶状体悬韧带附着在睫状体上。玻璃体是胶状物质,在晶状体和视网膜之间,房水是像水一样的液体,它充满角膜和虹膜之间及虹膜的后方。

了解了眼睛的结构,就很容易知道我们的眼睛是怎么看到物体的了。

外界的物体反射来的光线,经过角膜、房水,由瞳孔进入眼里。瞳孔好像眼睛的一扇窗户，可开大、关小。当人看远处不同的物体时，怎么能在视网膜上得到清晰的图像呢？原来晶状体的曲度可以调节，因为晶状体上有肌肉，肌肉收缩时，使晶状体曲度变大，近处物体就能在视网膜上成像；肌肉放松时，使晶状体凸度变小，远处物体就能在视网膜上成像。为了使远近不同的物体都能在视网膜上成像，晶状体就需要不断地调节。看距离很近的物体时，眼睛需要强力收缩，高度调节，所以时间长了，眼睛往往感到疲倦。实践证明，正常人的眼睛习惯于观看250毫米远近的物体，这时在视网膜上的成像最清晰，眼睛不必调节就能看清物体，也不易疲劳。人们通常把这250毫米叫明视距离。

人们要看清物体，不仅需要使物体在视网膜上成像，而且这个像还要有一定的大小，如果太小，就分不清细节。例如，当我们在远处遥望一片即将收割的麦田时，看到的只是一片金黄色的麦浪，看不清一株株麦穗，更看不清麦粒。如果我们往前走，到一定距离时，就看清麦穗了，如果再往前走，就看到了麦穗上颗颗麦粒了。这是什么原因呢？原来，这是由于视角的大小变化造成的，我们观察一个物体时，两条光线从物体的两端反射到眼睛里来，形成了"视角"。同一个物体，离眼睛近，视角就大，在视网膜上的成像也大；离眼睛远，则视角小，在视网膜上的成像也小。如果视角太小，则眼睛就觉得这个物体只是一点而分不清细节了。实验证明，在光线好的条件下，正常人眼视力最小限度是只能看到视角为1分（1度的1/60）的物体，视角小于1分的东西就被看成为一个小点。因此，要想细致观察一个物体，必须设法放大视角。

我们要观察昆虫的外部形态，有时需借助于放大镜。放大镜能使光线发生曲折，放大物体的视角，因而使我们能看见肉眼所看不出的细小结构。

光学显微镜的分辨本领

一个放大镜是由一个凸透镜制成的，只能把物体放大十几倍，这样的倍数远不能用来分辨细胞的结构，为此把几个或几组透镜片联合起来，经过连续放大，能得到更好的放大效果，显微镜就是利用这个原理制造成功的。物体先经过一组透镜（称物镜）放大成一个倒立实像，然后再经过一组透镜（称为目镜）作第二次放大。这样，一个微小的物体通过这两组透镜的放大作用，我们的眼睛通过目镜看到的是物体放大了的倒立虚像。如果在目镜和目镜之间安装上特殊的转像棱镜，就可以看到物体的正立虚像，这种显微镜称为体视显微镜。

近代的光学显微镜可放大 1000 倍、2000 倍，最高达 3000 倍。我们的眼睛一般看不清长度小于 1/10 毫米的东西，利用放大镜可以看到 1/100 毫米的东西，而在显微镜下则可以看到 1/5000 毫米的小东西，如微小生物的外部形态及内部结构、细胞、病菌等。但是要想能看清小于 1/5000 毫米的生物结构，光学显微镜就无能为力了。这是由于光源本质所限制，眼睛能看见的光线，即可见光，是由许多不同波长的光线合成的，只能照明长度大于其波长一半的物体。要想看见小于 1/5000 毫米的生物只能另请"高明"了。

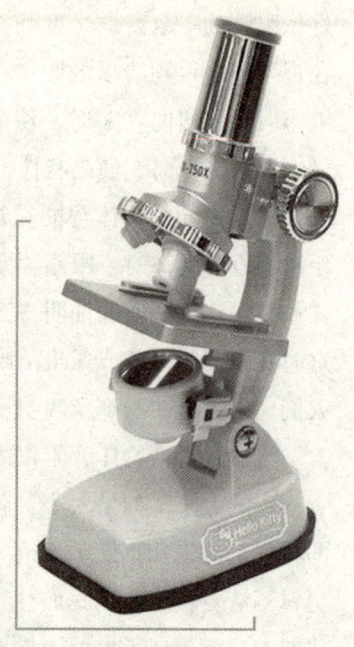

光学显微镜

另请"高明"——电子显微镜

另请高明的关键是要找比光的波长短得多的照明光源，才能使显微镜看到更小的物体。

物理学家们找到了一种比光的波长短几万倍的波——电子波，其波长大约是 2 亿分之一毫米，它相当于可见光中最短波长的 8 万分之一，像这样纤小的电子波，即使是最细小的病毒也显得硕大无比了。

第一台电子显微镜是 1932 年由诺尔和鲁斯卡等发明的。虽然放大倍数只有 12 倍，相当于一块很普通放大镜的能力，但是它却是电子显微镜（人们常简称它为电镜）的祖先。第二年就设计制造出能放大 1 万倍的电子显微镜，分辨能力比光学显微镜高四五倍。电子显微镜的发明，是古老的光学显微镜漫长发展史中的巨大突破，立即引起了各国科学家的重视，相继进行研制和使用，目前已普遍能达到放大100万倍，可以看到$1/10^7$毫米的超微细节和原子的图像。$1/10^7$毫米比注射针的针尖还细10万倍，电子显微镜的"目光"真是名副其实的"锐利无比"，它展现在人们眼前的是一个多么微小的世界！

上述的电子显微镜，外观基本上像一台倒置的光学显微镜，照明光源是极细的电子束通过聚焦后从上方射入超薄切片（标本），并透过标本后再被电磁透镜放大，投影在荧光屏上成像，因此称它为透射电子显微镜。平时所说的电子显微镜就是指的这一种。

电子显微镜

电子显微镜家族中还有后起之秀——扫描电镜，它是透射电镜的姐妹，这种电镜用于对物体外表形态的观察，它的分辨力虽比透射电镜低，但分

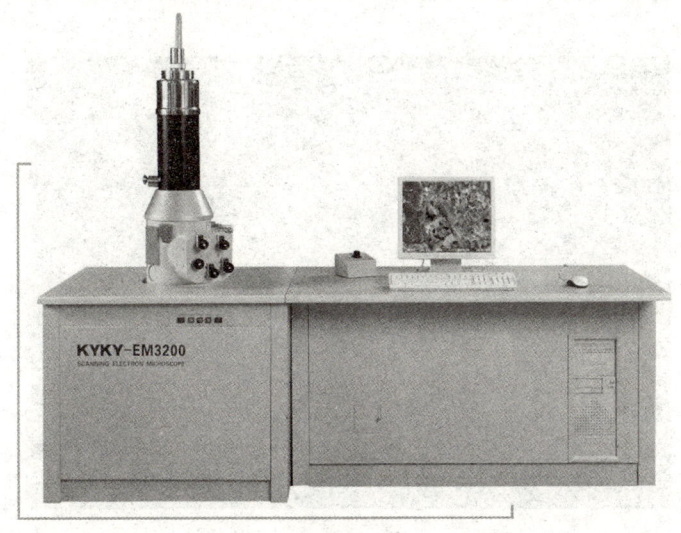

扫描电镜

辨率和放大倍数比光学显微镜高得多，它能使我们看到更为逼真、更为直观的立体形貌。在扫描电镜荧光屏前，仿生学家大有可为，在扫描图像上，他们将受到启发；工农业各部门也可以从扫描电镜上解决许多实际问题，并可为新产品设计提供极丰富的资料，狡猾的罪犯留下的蛛丝马迹也难逃遁。因此扫描电镜已成为各行各业经常配备和应用的常规工具。

五花八门的显微镜

显微镜的发明，使人们对自然界的认识有了一个很大飞跃。随着科学技术的发展，显微镜在不断地革新，品种繁多，结构式样五花八门。

显微镜大体上可分为光学显微镜和电子显微镜两大类。目前广泛使用的主要是光学显微镜。

光学显微镜又可分为单式显微镜和复式显微镜。单式显微镜实际上是放大镜，是由一块或几块透镜组成，构造简单，放大率不高。复式显微镜由目镜、物镜和聚光器组成，构造复杂，放大率较高，在研究工作中及大中学实验室所用一般生物显微镜及体视显微镜都是复式显微镜。

复式显微镜按不同用途又可分为普通型、特种型和高级型三大类。

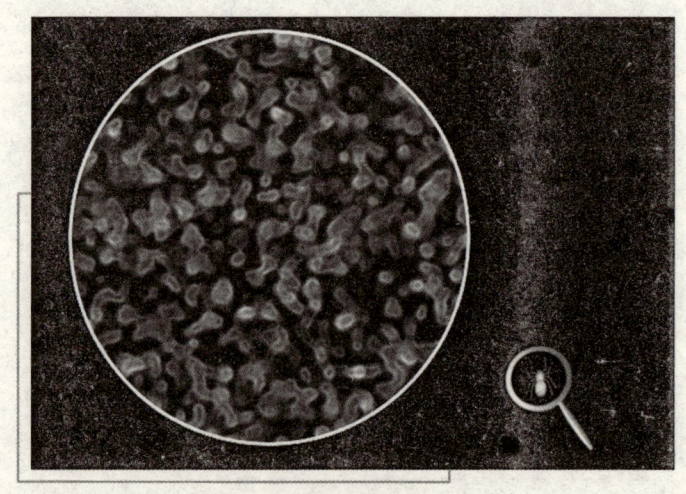

显微镜下的世界

普通型仅供一般观察和研究之用。常用的单筒式、双筒式都属于这一类。大学、中学实验室里学生所用一般生物显微镜、示教镜、体视镜等都是普通型。

特种型专门供特定条件下使用。如显微外科医生用的手术显微镜；观察活的、无色透明标本用的相衬显微镜；观察灰尘微粒外部结构用的暗视野显微镜；检查矿石、化学晶体，鉴别纤维、淀粉粒、骨骼、牙齿、毛发等用偏光显微镜，检查金属结构用金相显微镜；观察放置在培养皿或培养瓶中的标本用倒置显微镜（它的物镜、标本和光源位置与一般显微镜刚好颠倒过来，故称倒置显微镜）。还有一种叫微分干涉显微镜，它不仅能观察无色透明的物体，而且图像呈现出浮雕状的立体感，具有相衬显微镜所不具有的优点，观察效果更为逼真，它是较新型的显微镜。另外还有紫外光显微镜、荧光显微镜、电视显微镜等等。

高级型显微镜是指大型多用途、附件齐全、光学部件高级联机使用的多功能显微镜，可以根据需要，在一个主体上更换其配件，如偏光附件、相衬附件、荧光附件等等，所以又称它为万能研究用显微镜。一般科研部门、大学实验室都配有这种性能齐全的显微镜。

显微镜的性能

一台性能优异的显微镜，影像放大率高，而且能够清晰地呈现出物体的细微结构。怎样挑选一台好的显微镜呢？显微镜的性能是否优越，首先取决于物镜的性能，其次为目镜和聚光镜的性能。显微镜放大物体，首先要经过物镜第一次放大成像，目镜在明视距离成第二次放大的像。目镜的放大倍数乘以物镜的放大倍数就是物体通过显微镜后的放大倍数。但并不是放大倍数越高显微镜的性能就越好，这与物镜的分辨力有着极为重要的关系。分辨力是指分辨物体细微结构的能力，与能够分辨出的物体两点间最短距离有关。显微镜能分辨出的物体两点间最短距离越小，则该显微镜的分辨力就越好，在相同放大倍数的前提下，这个显微镜的性能就优于其他分辨力低的显微镜。由此可见，并非物像放得愈大就愈好，性能就越优异。显微镜的好坏取决于其光学系统中各个部分的配合。

暗视野显微镜

一般的显微镜的照明是透射照明，即借助于物体表面反射光来观察不透明的物体。这时在显微镜的视野里，除了被观察的物体外均是明亮的。而有一种显微镜却不同，它的视野中只有物体是明亮的，而其他部分都是黑暗的，这就是暗视野显微镜。暗视野显微镜与一般的明视野显微镜的构造基本一致，两者的区别仅在于聚光镜略有不同，明视野显微镜的聚光汇集在一处，透过物

暗视野显微镜

体成像于人眼中，而暗视野显微镜的聚光镜却是用来阻止光线直接照射物体的，而使光线斜射在标本上，标本经斜射照明后，发出反射光进入光学系统被人眼捕获成像。这样，在显微镜的黑暗视野中就可看见明亮的物像。用暗视野显微镜可以观察到许多明视野显微镜下无法看清的细微结构，是明视野显微镜的有效补充，并且对于某些材料的观察如细菌鞭毛的运动有着极佳的效果。

相差显微镜

我们知道，人的眼睛之所以能够看见物体，是由于物体上的反射光或透射光进入人的眼睛后在视网膜上成像。但是对于透明的物体，光波通过时，其波长（颜色）和振幅（亮度）均不会发生变化，即使物体的各个部分的结构存在着一定的光学差异，即厚度差异和折射率不同，在人的肉眼

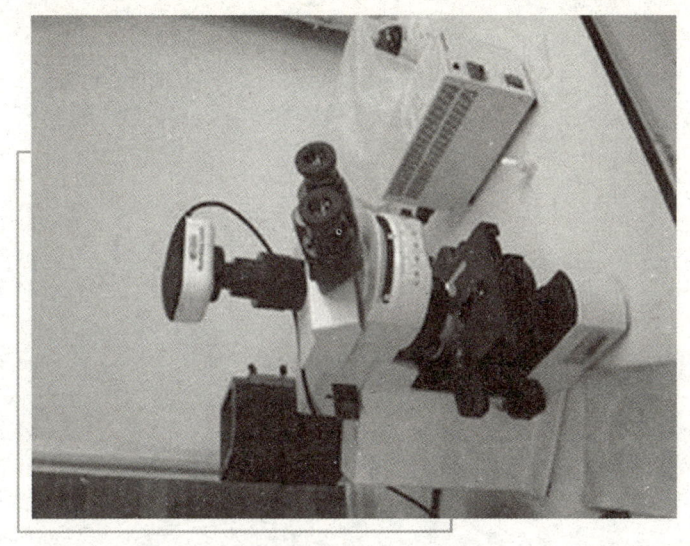

相差显微镜

看来仍然是透明的，这也是为什么当我们用普通光学显微镜观察活的透明细胞时，不易看清内部结构和组织的原因。光通过透明的物体只会形成相差，相差转变成振幅差，就能使透明的异质结构表现出明暗的不同，也就能看清这些部分了。相差显微镜就是利用光线的干涉现象，把相差转变成振幅差，以便观察活细胞的细微结构。相差显微镜的出现改变了以往显微观察时必须染色的状况，使科学工作者们能更直接地观察到细胞生活状态，是一极有价值的工具。

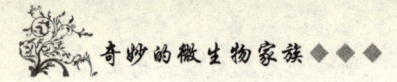

微生物的家谱

没有"心脏"的微生物

我们人类是有心脏,并靠其维持生命的。那微生物有没有"心脏"呢?在微生物的细胞当中都有一个重要的组成部分,它像心脏一样在微生物的生长繁殖等方面起重要的作用,科学家把它称为细胞核。是不是所有微生物都有细胞核呢?不是。在微生物界有一类群微生物不具备真正的细胞核,它们的"心脏"被科学家称为拟核。一般情况下,拟核无核膜,没有核仁。它的遗传物质DNA也仅为一条双链环状结构,极其简单,并且DNA也不与组蛋白结合。具有拟核的微生物是通过二分裂的方式来繁衍后代的。这一典型的微生物类群被称为原核微生物。它们不光在细胞核上有区别,而且细胞壁(大多数微生物含有肽聚糖)、细胞膜(没有固醇)、细胞器(没有液泡,溶酶体、微体、线粒体、叶绿体等)等方面也与具有真正"心脏"的微生物有区别。原核微生物是在生物出现的早期阶段就已出现的最早的类群,所以在细胞结构、

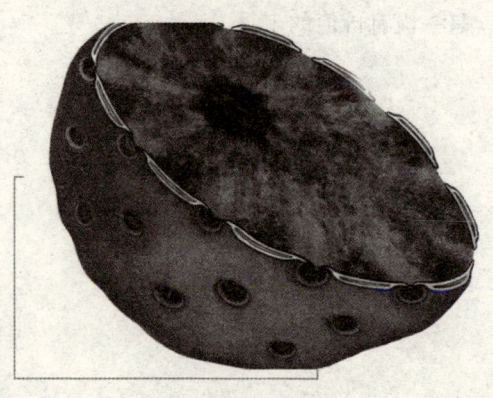

细胞核

形态特征、生理特性等方面的表现都比较原始低等。原核微生物主要包括细菌、放线菌、立克次氏体、支原体、衣原体和蓝细菌等。

有"心脏"的微生物

微生物界既然有不具"心脏"的微生物，自然也就有具有"心脏"的微生物，这类有"心脏"的微生物就被科学家称为真核微生物。他们认为，一切细胞生物都是同源的。具有细胞结构的微生物，不论是原核微生物，还是真核微生物，也不论是简单的单细胞微生物，还是形态结构较复杂的多细胞微生物，它们在物质组成成分、遗传变异、物质代谢和生长繁

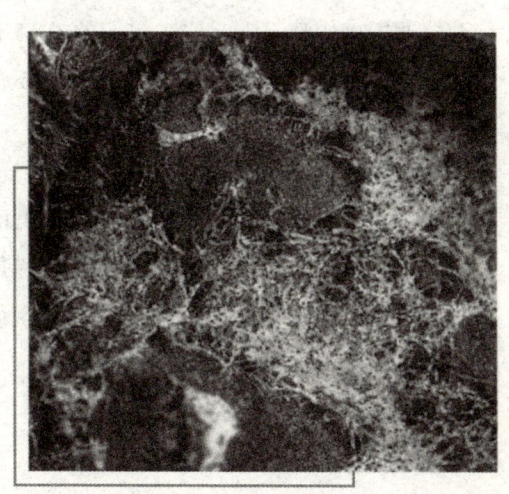

真核微生物

殖方面的共同性是主要的。但生物是发展的、进化的，漫长的生物进化过程造成了生物的多样性和生物之间的差异。所以真核微生物比原核微生物要进化得多，它具备了核膜包被的细胞核，也具有核仁，其遗传物质为多条染色体，DNA与组蛋白也结合起来，更加有效地繁衍后代。真核微生物的繁殖主要通过有丝分裂方式进行。在细胞中存在有各种各样的细胞器，如液泡、溶酶体、微体、线粒体、叶绿体等，为物质运输、营养代谢提供了更为有效的途径，它们比原核生物要高等。真核微生物主要包括真菌，单细胞藻类和原生动物等。

好热性细菌及其起源

生物可以生存的温度界限究竟是怎样的呢？美国的微生物学家，特别

是对温泉微生物进行了精心研究的布罗克曾对各类生物可以生长繁殖的温度上限作了归纳。虽然有记录说明动物中的鱼类、软体动物、节肢动物和昆虫等能在高温环境下生存,但布罗克把这些生物可以生存的温度上限定在50℃以下。可是细菌生长温度的范围更广。在美国黄石公园92℃的温泉中,细菌的某些种类还能够生长繁殖,这就是好热性细菌。为什么好热性细菌能够抵挡住高温呢?原来它们的DNA链上的碱基不同于其他生物,由DNA所产生的蛋白质和核酸具有不同的氨基酸成分,使这种细菌的抗热性能大大增强。

对于好热性细菌的起源问题,不同学者有着不同的看法,最著名而又非常离奇的想法是著名的阿累尼乌斯提出的,他认为好热菌是从高温的行星——金星飞来的生物。比较公认的见解是,好热菌是从好温菌逐渐或是通过飞跃适应环境演化而来的,但时至今日还没有一个确切的说法,还有待研究人员的进一步探究。

蓝细菌

蓝细菌原来被误认为与蓝绿藻是"一家人",后来科学家们发现蓝细菌微生物的细胞核是原核的,即没有真正的细胞核,才把它同蓝绿藻区分开,另立了一个"门户",改属原生生物界的光能细菌类而与真细菌并列,现称为蓝细菌。蓝细菌的形状分球状和丝状两种,球状的蓝细菌是单个的微生物,它具有两层细胞壁,在细胞壁的外面常包围有一层或多层的黏质层,外形与细菌的荚膜或鞘相似。而丝状的蓝细菌是由许多个单个细胞串联在一

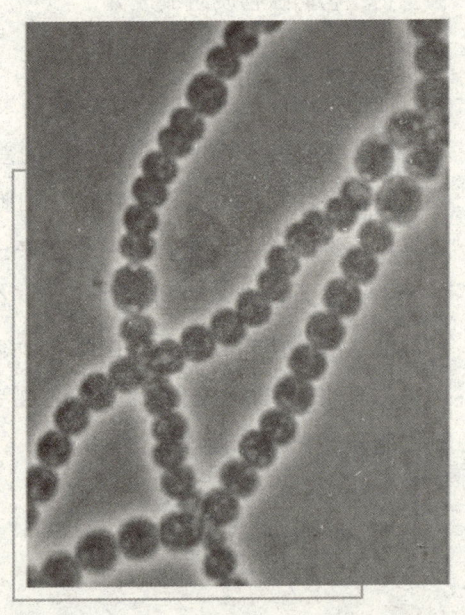

蓝细菌

起形成的,每个细胞彼此之间有孔道互相连通,形成一个整体。蓝细菌在地球上分布极广,从两极到赤道均有它的身影,但它的行动并不快,均以滑行运动,而且体外没有如细菌鞭毛样的运动器官。由此看来,蓝细菌的存在已很久远了。蓝细菌是光合自养菌,能利用光能自行合成养料,并且能耐受极端的环境条件,例如:在干旱的沙漠地区,单细胞的蓝细菌能在岩石层下的缝隙内,利用少量湿气和日光生活。对于蓝细菌的生殖,人们现在只知道它还处在无性繁殖阶段,还没发现有性生殖。它们的繁殖,是典型的由一枚母细胞分裂成两枚子细胞,比较简单。蓝细菌能进行光合作用,是一种较原始的自养生物,对它的研究还不很深入,有许多问题有待后人来解决。

放线菌

放线菌在自然界的分布极为广泛,在高山深海和北极地区都有它们的存在,尤其在土壤中,无论是数量和种类都是最多的。由于最初发现的放线菌的菌落呈辐射状,因此而得名放线菌。放线菌的菌体为单细胞,其结构与细菌基本相似。大部分真放线菌菌丝由分支的菌丝组成。菌丝分两种型态,

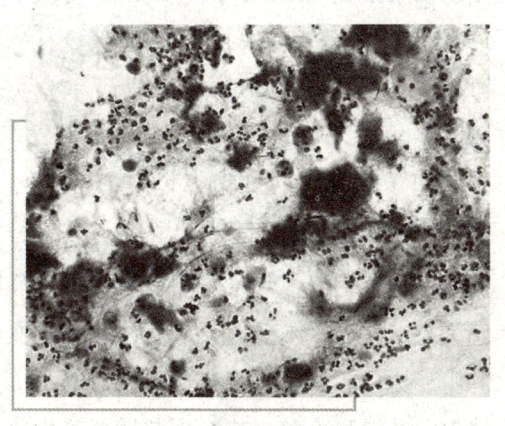

放线菌

一种为匍匐生的基内菌丝,基内菌丝发育到一定阶段后,向空间生长伸出另一种菌丝——气生菌丝。气生菌丝叠生在营养菌丝上面,它可能满盖整个菌落表面,呈棉絮状、粉状或颗粒状。除少数种类外绝大多数的放线菌都是异养菌,需要依靠外界的营养物质来生活。但它们的食性颇为不同,有的喜欢吃简单的化合物,另有一些专喜欢啃硬骨头,以纤维素和甲壳质为食。现在对放线菌的研究很多,它的重要经济价值就在于放线菌能产生

各种抗生素。抗生素能有效地防治人类和牲畜的传染性病害，还能有效地抑制和杀死各种细菌，对防治动物病害和植物病害有着重要的意义，是对人类有用的一群微生物。

立克次体

立克次体这一名字是为了纪念一位名叫立克次的医生，是他首次在 1909 年研究落基山斑疹热时首先发现了这种病原体。次年，他由于感染斑疹伤寒而死去。这种立克次体是介于细菌与病毒之间的专性细胞内寄生的原核型微生物。它具有与一般细菌类似的形态、结构和繁殖方式，又具有与病毒类似的在活细胞内寄生生长的特性。立克次体能侵染人类，

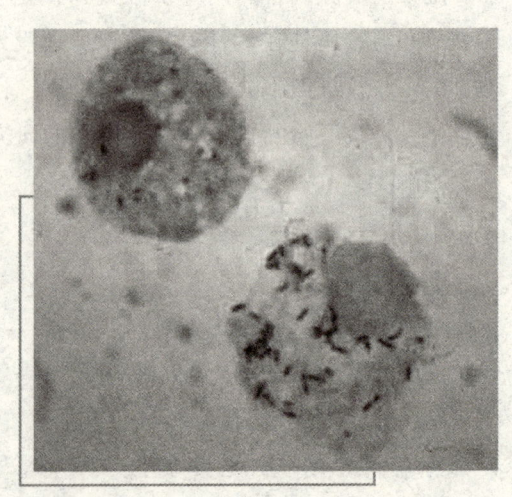

立克次体

诱发疾病，它们一般经携带立克次体的节肢动物叮咬或其粪便污染伤口而感染人。立克次体侵入人体后，常在小血管的内皮系统中繁殖，引起细胞肿胀、增生、坏死、循环障碍及血栓形成，并且立克次体具有毒性物质，能引起红细胞溶解，甚至弥散性血管内凝血，休克而死亡。对于立克次体目前尚无理想的用于预防接种的疫苗，所以对于立克次体防治的根本措施是搞好环境卫生，防止节肢动物的叮咬，对于患者可用氯霉素或广谱抗生素来治疗。

支原体

支原体也称类菌质体，是目前已知的即使离开活细胞也可以独立生长、

◆◆◆ 微生物的家谱

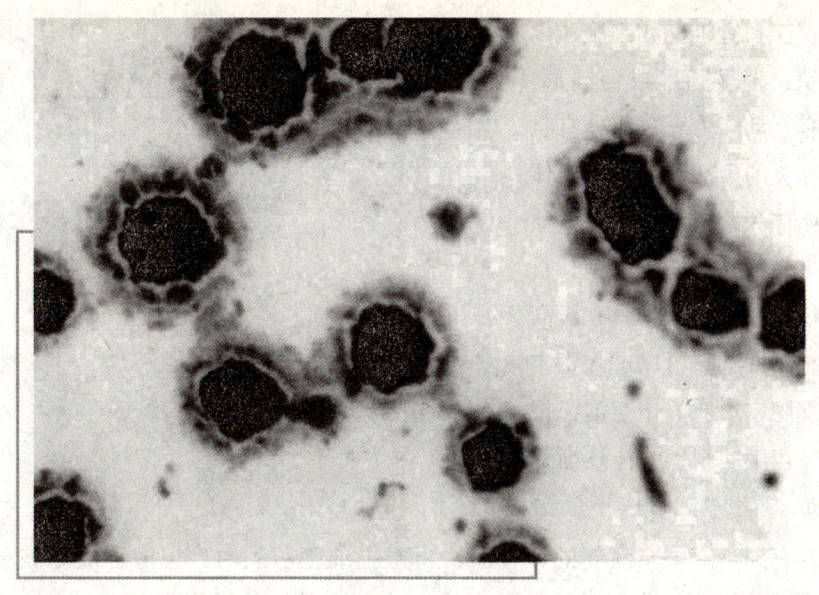

支原体

繁殖的最简单的生命形式和最小的细胞型生物。支原体的外形呈高度的多态性，基本形状为球形和丝状。此外还有环状、星状、螺旋状等不规则形状。与其他细菌不同，支原体没有细胞壁，只有细胞膜，在人工培养基上生长形成一种"油煎蛋状"的菌落，中间呈淡黄色或棕黄色，边缘通常呈乳白色或无色，好像一只煎熟的鸡蛋。支原体广泛分布在土壤、污水、动植物及人体中，多为腐生菌或共生菌，只有少数为致病菌。现在仅肯定肺炎支原体是人类原发性非典型肺炎的病原体，人类经肺炎支原体感染后，血清中可出现具有保护性的表面抗原体，还有可供诊断用的非特异性冷凝集素和MG株链球菌凝集素。经研究发现，支原体对热及抗生素敏感，所以在医疗中多用四环素、红霉素等抗生素来治疗支原体导致的疾病，疗效颇好。

衣原体

衣原体是一种比立克次体稍小的专性细胞内寄生的原核微生物。衣原体仅能在脊椎动物细胞质内繁殖，多呈圆形或椭圆形，没有运动能力。衣原体有自己独立的生活周期。衣原体分原体和始体两种形态，原体是一种圆形的小细胞，直径仅为0.3微米，具有极高的感染性，它可以进入寄主的细胞中形成一个空泡，把原体包围起来，原体逐渐长大成为始体，始体不断分

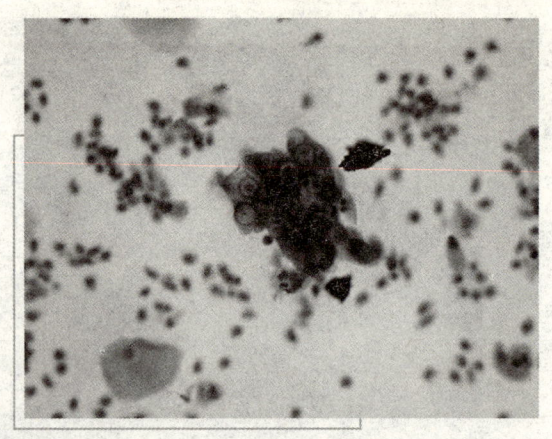

衣原体病菌

裂，直到空泡中充满新的原体后，当寄主细胞破裂时，空泡也随之破裂，去侵蚀其他的细胞，这就是衣原体的致病原因。衣原体可直接侵入鸟类、哺乳动物和人类身体之中。衣原体中的砂眼衣原体是人类砂眼疾病的病原体，能引起结膜炎和角膜炎，是致盲的主要因素之一。鹦鹉热衣原体还可侵入鸟类的肠道引起鸟、禽的腹泻或隐性感染，人类如接触病鸟，也会由呼吸道侵入而引起感染。临床发现：衣原体对四环素、氯霉素和红霉素及乙醇，酚等化学药物都很敏感，所以临床上多用四环素类抗生素来治疗衣原体疾病。

肺炎双球菌

肺炎现在已不再是什么不可治疗的顽症了，然而在旧中国，穷人得了肺炎就像是接到了死神的邀请信一样。是谁这么厉害？它就是肺炎双球菌。如果把肺炎病人的痰注入小白鼠的体内，24小时内小白鼠全部死去。后来研究发现，肺炎双球菌有两种类型：①R型，不会使人得病。②S型，会使人得病。将S型菌用加热方法杀死后注入到小白鼠体内，小白鼠是不会生病的。但如果将杀死了的S型菌和活的R型菌混合起来，一起注入小白鼠体内时，意外出现了——小白鼠死了。被杀死的S型菌"阴魂"不散，借用

R 型菌的躯体又复活了。这种"借尸还魂"现象,科学上称为"转化"。科学家们推测,一定是某种物质进入活的 R 型菌中去变 R 型为 S 型了。后经实验证实,这种神奇的物质是 S 型肺炎双球菌的脱氧核糖核酸(DNA),将 S 型肺炎双球菌的 DNA 与 R 型肺炎双球菌混合培养在一起,结果 R 型菌均转化为 S 型菌,并遗传给了它们的后代。后来,这一现象在

肺炎双球菌

其他细菌中进行试验,也均获得了成功,这从另一个侧面也证明了遗传的物质确实是 DNA。

金黄色葡萄球菌

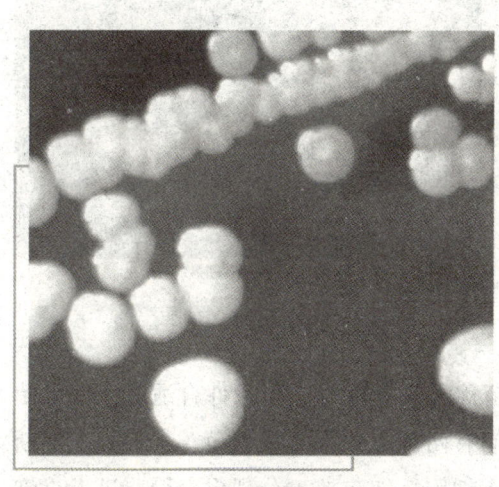

金黄色葡萄球菌

1975 年 2 月 3 日,在由东京飞往巴黎的日本航空公司的一架大型客机上,144 名乘客吃了飞机上的早饭后,突然都肚子痛起来,呕吐不止。飞行员只好临时改变航线,将乘客全部送到哥本哈根的医院抢救。虽然大部分恢复健康,但仍有个别乘客丧生。后经查,此次事件是由于给这架飞机提供食品的公司的疏忽造成的,其罪魁祸首就是一种小小的微生

物——金黄色葡萄球菌。金黄色葡萄球菌是最常见的化脓性球菌之一，广泛分布于自然界及人体。人体皮肤和鼻咽部带菌率为20%~50%，医院的医护人员带菌率更高，有时可达70%，是重要的传染源。金黄色葡萄球菌能引起皮肤、黏膜，各种组织和器官的化脓性炎症，有时进入血流引起败血症。如污染食品后，会导致食物中毒。近年来，由于抗菌药物的广泛使用，这种菌的耐药菌株已显著上升，对一些常用抗菌药物如青霉素的耐药菌株已高达90%以上，对少数新药还很敏感。对于该菌的防治主要是采取各种抗生素的治疗，药效不错，但金黄色葡萄球菌的耐药性仍不容忽视。

酵母菌

酵母菌是指一切能把糖或其他碳水化合物发酵而转化为酒精和二氧化碳的微生物。这是一个统称，并没有分类学上的价值。我们日常最常见的酵母菌就是家中用来发面做馒头的所谓"酵头"。如果你把少许酵头搅和在清水中然后在显微镜下观察，你就会看到许多圆形的细胞，这些细胞就是酵母菌。酵母菌都是由1个细胞构成的，虽然也有几个或几十个连成一条线的，但它们彼此之间并不发生联系，仍然是各顾

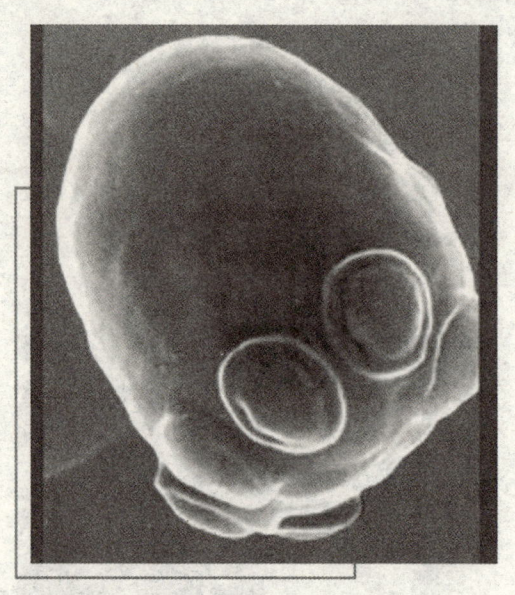

酵母菌

各的。我们把连成一条线的酵母菌称为假丝酵母。当条件合适时，酵母菌就开始为传宗接代做准备了。它们有两种方式来完成繁殖：①芽殖，不断在酵母菌细胞的一端，生出一个小细胞，细胞核也分裂出一份，进入小细胞中，长到一定程度时，小细胞就脱离母体而独立生活了。②裂殖，就是

酵母菌的核一分为二,同时细胞膜也从中间向内凹陷,最终一分为二,形成两个独立的细胞。酵母菌在人们的生活中起着重要的作用,它被用来酿酒、制面包、制馒头等,是人们不可缺少的好帮手。

霉　菌

说"霉菌"大家可能不知道,但如果说"发霉""长毛"了,可能就会有许多人恍然大悟了。在日常生活中我们常常会遇到这样一些事:吃剩的馒头、米饭、糕点以及长时间不用的皮包、衣服,在它们的表面上常会长出一点点、一堆堆、一簇簇毛绒状的东西,并且发出一股浓浓的霉味。这就是霉菌,它们偷偷地潜伏在食品、衣服的表面上,刚开始时,颜色很淡,不易发现,但随着菌丝的不断生长,互相扭结、相互缠绕,颜色会逐渐加深,可以有黑、白、绿、灰、棕土、黄……各种颜色。并且只要温度,湿度合适,霉菌就会大面积蔓延,造成极大的损失。1960年,在英格兰的一

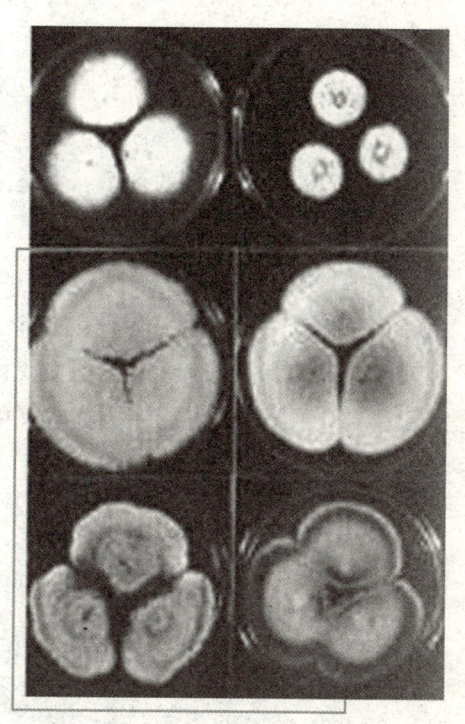

霉　菌

家养殖场里的10多万只火鸡突然全部昏迷不醒,不到几天工夫就全部死去。科学家们经过1年多的调查才发现原来是火鸡们吃了发霉的花生粉后才发病的。在发霉的花生粉中有一种霉菌——黄曲霉,它能产生一种带荧光黄曲霉毒素,是它们杀死了这些火鸡。但霉菌有过也有功,青霉产生的青霉素在二战中救活了无数的伤员;米曲霉和酱油曲霉可以给人们用来酿造酱和酱油;柠檬酸、抗生素的生产中也有霉菌的身影。只要妥善利用,霉菌也

会成为人类的朋友。

青　霉

　　夏天，吃过的柑橘皮上常会长出一些绿色的毛绒绒的霉菌来，它们就是我们要认识的青霉的一种——橘青霉。对于青霉大家也许陌生，但是它的产品——青霉素，大家都听说过吧！自从1927年英国科学家弗莱明发现青霉的抑菌作用以来，青霉素挽救了无数细菌感染病人的生命。我国民间也流行用橘皮泡水喝治感冒的作法。实际上，在空气中、土壤里、果实的表面上都附着多种青霉的孢子。青霉菌与酱霉、曲霉的关系都很接近，只是青霉菌的分生孢子梗与众不同而已，它不是在顶端形成一个球状体，而是连续地长出短分支，短分支再长出短分支，顶端分隔成一个个小的分生孢子。整个分生孢子梗就像一把扫帚一样，这也是青霉的一个重要特征。青霉菌对人既有益也有害，它能使我们的食品、衣物全部腐烂霉变，使农产品受到大的损失，而另一方面它又能产生青霉素、柠檬酸、葡萄糖酸等

青霉菌

有机物,为人类治疗疾病,创造财富。青霉菌就是这样一种既有益又有害的细菌。

甲烷菌

在我们生活的地球上,大自然慷慨地为人类准备了各种能源,如煤、石油、天然气,以及现在越来越重视的原子能。但这些能源并不是取之不尽,用之不竭的,能源专家们估计它们可能在100年内,就将被消耗殆尽。如果能源都消耗完后人类如何生存?那时就只有依靠"生物质能"了。生物质能,顾名思义,当然是生物产生的能源。我们通常所称的"沼气",它是由一些微生物在发酵时所排出的气体构成,这种气体是可以用来燃烧的,这就成了人类需要的能源了。这种能产生沼气的微生物就是我们今天要认识的"甲烷菌"。甲烷菌的性格、脾气也与其他微生物不同,只有在无氧的条件下才能正常的生长繁殖。所以现在人们常常利用这一特性,人工构建一些密不透气的池子,在里面放上甲烷菌爱"吃"的食物,如各种农作物的茎、叶及许多排泄物、废弃物。这样甲烷菌就能生长并排放出一种无色、略带一点蒜臭的可燃性气体,这就是沼气。沼气的用途很多,可以用来照

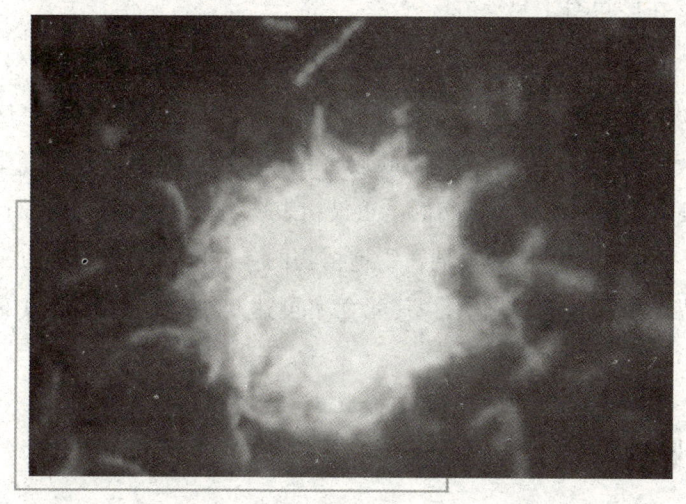

甲烷菌

明、烧水、煮饭，并可用于发动机器，此外，沼气发酵后的剩余物还可用于肥田。所以发展沼气既能制取便宜的生物能源，又能得到质量好的肥料，可谓一举两得。

蝗虫霉

如果你是一个注意观察大自然的人，那么你也许会注意到在生长茂密的水稻叶子上，常常会发现有些蝗虫一动不动地停留在水稻叶子上僵死了，在蝗虫尸体的周围还会布满许多小白点。这些蝗虫就是被蝗虫霉所杀死的，那些小白点就是蝗虫霉的孢子囊。蝗虫霉是怎样杀死蝗虫的呢？原来当蝗虫霉的孢子落在昆虫身上后，在

蝗虫灾害

温度和湿度适宜时，就发芽生长。孢子的发芽管穿过昆虫的表皮侵入体内，形成菌丝。菌丝到达血液后，产生一种很短的、成段的虫菌体，这些虫菌体随血液分布到昆虫的全身，不断侵害虫体的脂肪、肌肉和神经组织，于是虫体便逐渐涸竭死亡。染病的昆虫最初表现为极度萎靡不振，行动迟缓，临死前，它会爬到植物的顶端，紧抱植物的茎或叶而僵死。蝗虫霉对于消灭自然界的蝗虫起很大作用，其死亡率可达98％，是以菌治虫的一个好材料。

白僵菌

在杀虫真菌中，白僵菌有着极为重要的地位，它们占昆虫病原菌的1/5

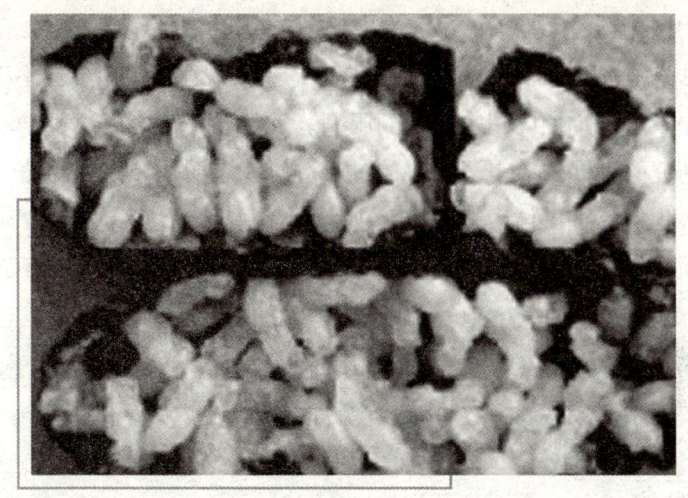

白僵菌

还要强。在欧、亚、非、澳及南北美洲均有白僵菌的分布。白僵菌的传播主要依靠分生孢子，借助于气流、雨水或虫体间相互接触，传染给健康虫体。白僵菌或通过口腔、气孔、伤口直接侵入虫体，或分泌几丁质酶等酶类，溶解昆虫体表的几丁质外壳，侵入虫体。进到虫体内后直接吸收昆虫的体液生长，逐步蔓延，直至使虫体的各种组织全部破坏。最后，当菌丝体吸尽体内养分后，便沿着虫体的气门间隙和各环节间膜，伸出体外，形成气生菌丝，然后再产生孢子。此时，可看到虫体上覆盖着一层白色的绒毛。"白僵菌"这一名称由此而得来。白僵菌虽然能致许多种昆虫于死地，对人畜无害，但对家蚕和柞蚕等益虫有较大的伤害。因此，利用白僵菌杀灭害虫时，要加倍小心，防止对当地的养蚕业产生不良影响。

绿僵菌

大量农药的使用，严重危害着人们赖以生存的环境。而且随着害虫的抗药性不断增强，农药的效果越来越差。对各种害虫的生物防治工作已经迫在眉睫。在农业害虫的微生物防治措施中，白僵菌颇具盛名，而绿僵菌却很少有人知道。其实，绿僵菌可以说是微生物防治的"元老"。早在1879

年，利用微生物消灭害虫的第一次实验就是利用绿僵菌感染奥国金龟子幼虫的方法进行的。后来，由于没有掌握它的生活规律，施用方法不当，防治害虫效果不很稳定，应用一直受到限制。近十几年来，由于科学家对绿僵菌深入研究的进展，取得了可喜的成果。研究表明，绿僵菌的菌丝体穿破害虫的表皮进入害虫体内，在血腔中生长，并且产生毒素，毒素刺激害虫组织变质，使害虫的细胞膜坏死，导致细胞脱水死亡。在外界环境适宜的条件下，长出绿色的分生孢子，以感染其他的害虫，周而复始，达到杀死大量农作物害虫的目的。开展绿僵菌的研究，对于农业害虫的生物防治，具有重要意义。

根瘤菌

大家知道，氮元素是植物生长大量需要的三种元素之一，这种资源在自然界里是十分丰富的，空气中约有80%是氮气。但这些氮气都是以游离的氮分子形式存在的，植物无法吸收利用。这就需要根瘤菌的"帮助"了。如果你把花生大豆之类的豆科作物连根拔起时，就会发现在它们的根部有许多的小疙瘩，这就是根瘤菌的"家"。可在实验室中无菌培养的豆科小苗

根瘤菌

却没发现根瘤,原来根瘤菌有一种本领,只要遇到豆科植物的根,它们就能钻进去,一直到根毛的中央,刺激根部细胞的分裂,形成一个小瘤。它们就在这些小瘤中"生活",把存在于土壤中游离的氮分子变成能被植物利用的氮的化合物。生物学上把这种作用称为固氮作用。根瘤菌的固氮本领相当高强,600~700平方米豆科作物根瘤菌在一年的时间内,可固定10~15千克氮,相当于施用50~75千克硫酸铵化肥的效果。在我国,劳动人民很早就知道利用微生物固氮来提高土壤肥力,采用把瓜类和豆类农作物在同一块地里轮作的方法提高产量。近几十年,大量施用化肥对土壤结构破坏极大。如能利用根瘤菌来进行生物固氮,将大大缓解这种状况,真正实现绿色农业。

疫霉

真菌的种类繁多,但是"鱼龙混杂",其中有对人类有益的,也有危害人类的。在19世纪的中期,马铃薯曾是欧洲和美洲东部居民的主要粮食,它的重要性就如同我们今天吃的大米一样。然而在1845~1846年间,爱尔兰的马铃薯发生了大面积的腐烂,不仅田间的植株发生腐烂,而且堆在窖

疫 霉

中的马铃薯烂得更快，这场疫病使欧洲 5/6 的马铃薯被摧毁，有 100 万人直接或间接死亡，约 164 万人逃离北美。许多生物学家、植物学家、医生历时 10 年才证明这种病是由于一种称作疫霉的菌物寄生所致。并且进一步证实是在地里被传染上病菌的。疫霉首先感染叶片，使叶片上产生水渍的斑区，在其上面产生霉状物，如果空气湿润，则病区一直扩展至叶柄和茎部，同时产生无数的游动孢子。它们被雨水冲刷到土中，沾染在地下的薯块上，继续危害下一年的马铃薯生产。现代农业已采用"马铃薯生长点脱毒技术"来消除马铃薯晚疫病，通过人工培养马铃薯幼苗，彻底切断疫霉的传染途径。

白粉菌

在夏末秋初的日子里，在公园常常会看到一些花木的叶片上有一层白粉，有时在白粉中还夹杂着一些小黄点或黑点。在温暖的温室中这种现象更为普遍，往往一发生就是满眼的雪白，这种病就叫做白粉病，而引起这种病的微生物就是子囊菌亚门白粉菌科的真菌。在生长季节中，白粉菌的分子孢子四处飘散，遇到合适的花木，它就定居下来，首先在植物的表面

患有白粉病的树叶

长出许多无色而有分隔的菌丝。从这些菌丝上伸出一些侧枝，穿过表皮细胞，进入到表皮下层的细胞中。它们的顶端或者膨大，或者产生分支，用来吸取被寄生细胞的营养，科学家称之为吸胞。由于叶片缺少了必要的营养，导致叶片变黄或提早脱落。它们如果寄生在嫩梢上，嫩梢就会枯萎不能生长。我国的经济作物，都容易受白粉菌的侵染。白粉菌还十分耐干旱，在干燥的地方也能生长发育，是农业的一大害菌。目前，主要使用各种硫制剂来消灭它们，如硫磺等。

玉蜀黍黑粉菌

玉蜀黍黑粉菌主要侵害玉蜀黍植物，导致寄主患黑粉病。在植物的地上部分，也就是除了根以外，暴露在空气中的部分均会发生黑粉病。一般多发生在叶片叶鞘衔接处、近节的腋芽上、雄花穗或雌花穗上。被侵染处植物的组织迅速膨大，最大可达10厘米以上，形成白色肿瘤，鲜嫩的时候可以食用。成熟后，形成黑色的厚壁孢子，破裂散发出来。厚壁孢子呈球形，表面有明显的细刺，以在土壤中越冬为主。第二年，当玉蜀黍种子萌

玉米黑粉菌

发长为幼苗时，厚壁孢子也开始萌发，形成担孢子，担孢子侵入寄主细胞中，发育成菌丝，吸收寄主的营养。由于菌丝的刺激使寄主的细胞膨大，并促进其他部分的养料向被害部分输送，因此这部分细胞分裂旺盛，形成肿瘤。当菌丝将受害部分的营养都消耗掉后，菌丝分为若干节，每节又长出厚壁形成厚壁孢子，厚壁孢子借风力传播到新的寄主上，可再次发生感染。虽然玉蜀黍黑粉菌对植物危害很大，但它可以促进营养向局部集中，使局部膨大、组织细腻，并且口感好，因此未成熟的肿瘤是一种很好的餐桌美食。

甘蓝根肿菌

在沙俄时代有一位贵族生物学家伏罗宁，他在研究甘蓝菜根部肿大的原因时，发现了一种必需借助他私有的一架当时认为"复式高倍"的显微镜才能看到的一种菌物，他称之为根肿菌。这种菌物有些不同于前面谈到的菌物，因为在根肿菌的生活史中有一个像原生动物那样的变形虫阶段，它们能蜒动而在寄主细胞内外转移，当甘蓝根肿菌进入甘蓝的根细胞之后，能分泌一些刺激物质，促使根细胞加速分裂，从而造成根部肿大。根部肿

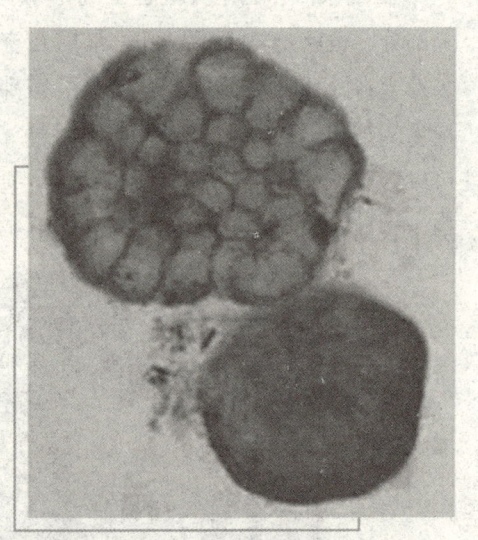

根肿菌

大以后削弱了根系的吸收作用，从而使甘蓝的生长发育不良，严重的可导致大片甘蓝地的绝收。甘蓝根肿菌是一种纯寄生性菌，所以不能用人工培养基分离培养，而且并非到处都存在，因此在国际上被列为植物检疫对象。不过也要注意：土壤中有些线虫也能诱发植物的根系产生肿瘤，不过瘤的形态区别很大，不难分辨。

长喙壳菌

甘薯又称红苕,是我国广大地区作为主食或副食的一大经济作物,每年的产量很大。由于甘薯具有含糖高、含淀粉多等特点,工业上常用来作为淀粉、粉条和酿酒的原料。但甘薯在贮藏时却极易在表皮下产生圆形的"黑斑",称为甘薯黑斑病。黑斑处的薯肉会变成灰绿色而且很苦,这是因为病斑处产生了许多有机物所致,其中的甘薯酮是有毒的,牛吃多了会患气喘病而死亡,这些都是由于长喙壳菌寄生引起的。长喙壳菌是子囊菌的一种,它的子囊壳像一个长颈烧瓶。它们在甘薯表面的黑斑中突出来,很像一个小黑刺。在子囊壳中有许多子囊孢子,当它们释放出来后,首先侵入到苗床上的种薯块长出的幼苗中,然后随着幼苗的长大把分生孢子传播到新结成的甘薯块上,并潜伏起来。当甘薯收获后,如果贮藏温度在9℃以上时,长喙壳菌的菌丝就开始穿透细胞与细胞之间,吸取营养。菌丝也由原来的无色逐渐变为深褐色至黑色,在甘薯表面形成"黑斑"。所以预防甘薯黑斑应从育苗时做起,不要用带菌的甘薯育苗,贮藏时也要做到在9℃以下贮存,从根本上切断长喙壳菌的传播。

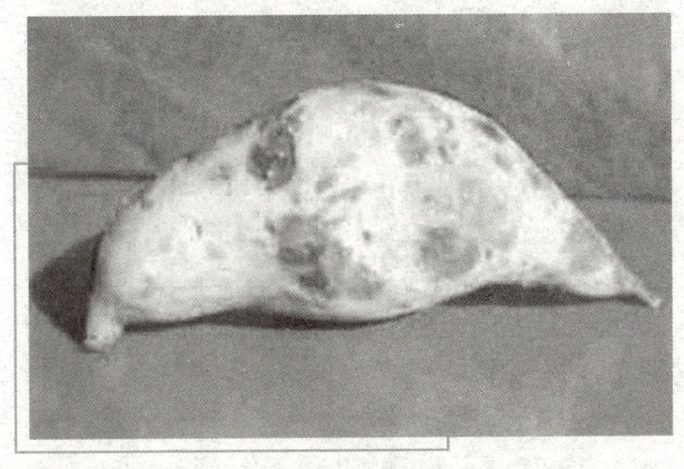

患有黑斑病的甘薯

锈　菌

禾本科植物是个大科，全世界约有 6000 多种，分布极为广泛。这个科里有许多粮食作物及其他重要经济作物，如水稻、小麦、大麦……同时，禾本科的植物又是锈菌的主要寄主。锈菌与普通的真菌，如木耳、银耳等不同，锈菌必须利用活的植物体来寄生才能生长发育。因此也称它们为纯寄生物。每年由于锈菌的寄生对粮食作物的危害极大，锈菌大发生的年份，常造成饥荒。所以，自古以来人们对锈菌就极为重视，甚至在罗马第二代国王统治时期专门在每年的 4 月份设置了一个"锈菌节"，向神祈祷消除小麦锈病。后经科学家们的研究发现，锈菌在一个生活周期即 1 年中要完成 2 种繁殖即无性繁殖和有性繁殖。无性繁殖在小檗的体内进行。担孢子被风吹到小檗的嫩叶上，萌发后从气孔侵入，经一段时间后发育形成锈孢子。锈孢子被风吹到小麦的叶片、叶鞘或杆上，也可从气孔侵入，不久就产生夏孢子堆和夏孢子，此时，小麦的表皮被顶破，进入所谓的"红锈期"。夏

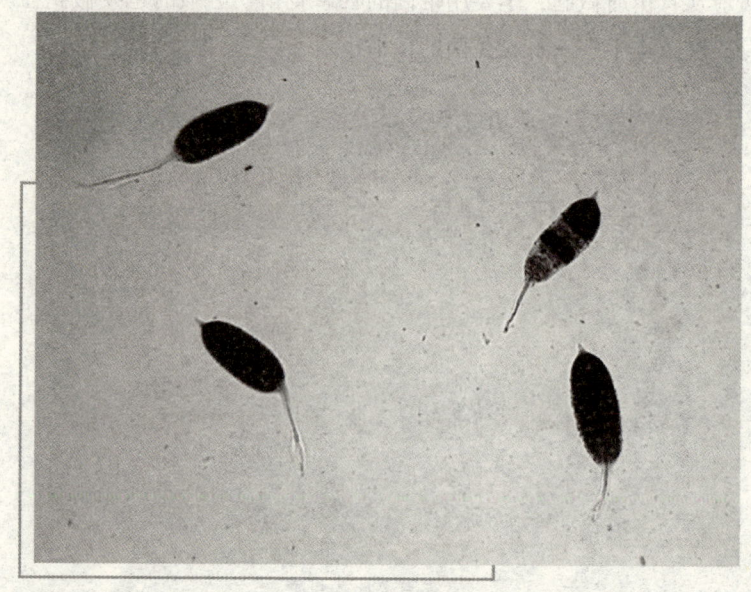

锈　菌

孢子很多，可侵染小麦两次。当冬天来临，麦粒成熟时，夏孢子中会出现冬孢子，肉眼看为黑色，因此称为黑锈病。冬孢子是用来越冬的。冬天过后冬孢子又将继续发育成担孢子，进入锈菌的另一生活周期。

茭白黑粉菌

茭白又称茭笋，是一种常见的蔬菜，人们主要是食用它白色肥嫩的茎。在白色的茎上，我们常可以看到一些黑色的条纹，而那些没有黑色条纹的茭白的茎则不够膨大鲜嫩。这些区别并不是品种间的差别，因为那些黑色的条纹其实是茭白黑粉菌寄生在茭白的茎上产生的冬孢子。茭白黑粉菌能够分泌出一种生长素，刺激茭白的细胞迅速膨大，因此鲜嫩可口。而没有茭白黑粉菌寄生的茭白，就显得比较瘦小，经济价值较低。其实，不只是茭白黑粉菌有刺激生长的功效，玉米、高粱的黑粉菌也有此功效，有些地区的农民就利用这种特性，使高粱、玉米的果实寄生上黑粉菌。侵染的初期，膨大的组织是白嫩的，可以作为食品食用，具有一定的经济价值。但是，如果黑粉菌的内部黑粉，也就是黑粉菌的冬孢子已经生成时，就不可再食用了。通过以上事例，我们可以看到虽然黑粉菌是一种病害菌，但如果我们利用的得当，也可以化害为益。

茭白黑粉菌

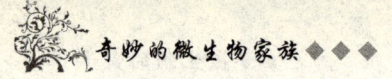

胶锈菌

在20世纪30年代山东青岛的一处苹果园中,曾发生过一场大的病害,在病树的叶正面有许多蜡黄色至黑色的斑点,叶的背面肿大的红褐色斑点上却有许多灰白色的细毛。患病的树落叶很早,果实的数量和质量均受到影响。而与此同时,在附近的松柏上都开出了杏黄色的胶质的花朵。经过科学家们的诊断,才知道这是由于胶锈菌寄生的结果。原来胶锈菌一生中需要两个寄主,即苹果树和松柏科的树。夏天,胶锈菌寄生在苹果树上,进行它的无性世代的繁殖,产生许多的夏孢子,传播出去,继续感染其他的树,等到冬天快到了的时候,它就转而寄生到松柏科的树上,形成芽管侵入到松柏科树的体内,以躲过严寒的冬天。等到开春,春雨一淋,越冬的冬孢子中的胶质物就会大量吸收水分,膨大成杏黄色、半透明的胶质花朵状物,就这样,柏树也开"花"了。开"花"后,胶锈菌继续在苹果树上繁殖,这样又开始了另一个生活周期。这种病害是极厉害的,我们可以利用胶锈菌与两种植物间的关系,凡是种苹果树的地方就不栽种松柏科的树,切断胶锈菌的传播。

脉孢菌

不知大家是否注意到这样一种现象:夏天的时候,我们吃完煮熟的玉米,如果把玉米的穗轴抛在地里,而天气又比较温暖,那么不久就会看到在穗轴上长满了橘红色的霉层,这就是脉霉。在显微镜下我们可以看到它的真面目,它是由许多有分隔的菌丝构成的,它们就像树枝一样向四面八方伸展着。在"树枝"的顶端有许多近似球形的小细胞,这些就是它的分生孢子,脉孢菌就靠它们四处传播。我们看到的玉米穗轴上的橘红色的霉层就是由这些菌丝互相缠绕而构成的。脉孢胞菌的用处很多,在福建长汀有一种非常鲜美的食品,叫做霉豆渣。豆渣是做豆浆或豆腐后的残渣,有人用来炒着吃,或做成小小的豆渣饼来吃,口味当然不会好,但是脉孢菌

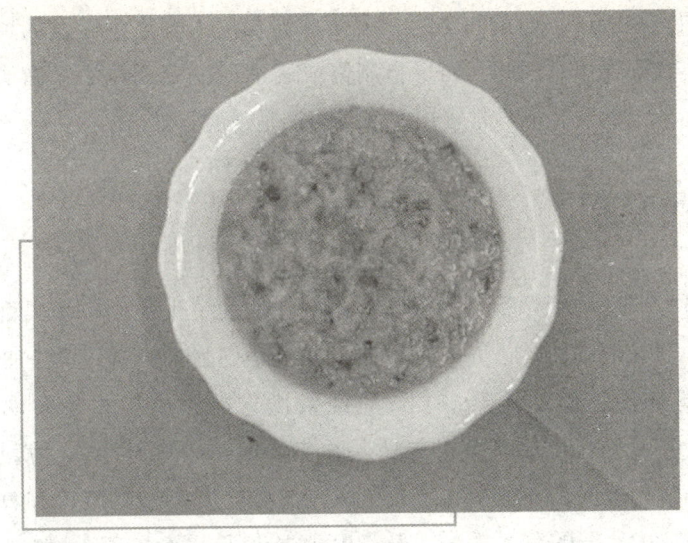

美味小吃霉豆渣

一到，情况就大有改观，把成块的豆渣像做霉豆腐那样用脉孢菌进行发酵后切成小块，和上作料煮熟，非常鲜美可口。

酱曲霉

酱油和酱的制作在我国民间有着悠久的历史。如果世界上还有其他国家也食用酱油或酱，那么肯定是从我国传过去的。制酱，在我国早期的原料是煮熟的拌有蚕豆的面粉块。把这些材料放在温暖潮湿的环境中，让它自然发霉。等到全部长出黄绿色的霉层后，就加入盐水使它在太阳下面发酵，不断翻动并稍稍加水，一直等到全部成糊状、呈酱色时，就算发酵完成。这些"偷偷"帮忙的微生物就是酱曲霉和其他一些霉菌的混合物，酱曲霉经常分布在土壤和空气中，只要接触到合适的材料，就立即附着在上面，生长发育。酱曲霉是由许多有分隔的菌丝构成，而且有树枝状的分支，在每一个分隔开的细胞中都有许多的细胞核。有时我们还会在显微镜下看到一个顶端膨大成圆球状的侧枝，这就是酱曲霉的繁殖器官——分生孢子梗，在它上面往往长着一串串的分生孢子。虽然酱曲霉对人类有益，但它家族中的一些成员，如黄曲霉的一个菌株即会对人畜产生有毒的黄曲霉毒素，并有致癌作用。因此，如果自制酱或酱油时一定要小心，确认无毒后方可食用。当然，我们日常食用的酱和酱油是没有毒的。

霍乱弧菌

柴可夫斯基是世界著名的俄国音乐家，他的一生中创作了二百余首乐曲，其中《天鹅湖》《睡美人》等曲目，至今仍为人们所传颂。1893年的11月6日3时，他却猝然身亡。后经最优秀的医生检查才发现了"凶手"——霍乱弧菌。原来柴可夫斯基在午饭时喝了一杯生水，病从口入。霍乱弧菌发病时间由4小时~3天，病人大多会有剧烈的腹泻和急剧的呕吐，造成体内水分的大量丢失，最终由于失去了大量水分和水中的电解质脱水而死。霍乱属于烈性肠道传染病，在生水中可生存8~35天，在海水中存活的时间更长。早年由于把含有大量霍乱弧菌的河水作为居民生活用水而引发的霍乱大流行的事例比比皆是。但霍乱弧菌对于热和一般的消毒剂十分敏感，水只要煮沸就可使它死亡，2%的漂白粉、3%的苯酚只要5~10分钟便可将其杀死。所以，一定要充分煮熟食物后再食用。饮水也要烧开后再饮用，防止病从口入。

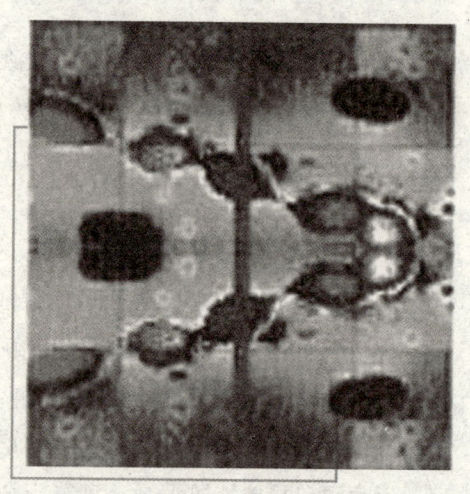

霍乱弧菌

蛭弧菌

1962年，德国的科学家斯督普在一次实验中，发现了一种极小的弧形细菌，它像蚂蟥吸人血那样，附着在细胞表面，拼命地吮吸着。他把这个

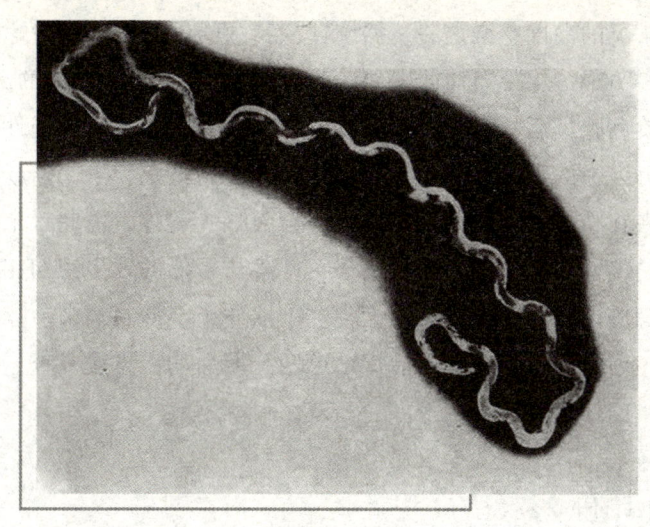

蛭弧菌

"吸血鬼"称为蛭弧菌。蛭弧菌广泛分布在自然界中。它的个子比一般细菌都小,在它的细胞的一端,拖着一条较粗的鞭毛,这是它游泳用的"桨"。当它遇到合适的宿主细胞时,就以每秒钟超过它体长100倍的速度,向宿主冲去,一头栽到宿主的细胞壁上。然后像钻头那样,经每秒100转以上的速度,在宿主表面快速旋转。同时它会分泌几种酶,去消化宿主的细胞壁。5~15分钟以后,宿主就被"钻"出一个小窟窿。这时,蛭弧菌就收缩身子,一头钻了进去,在宿主细胞壁的小孔上定居下来,吸取和消化宿主的"血肉"来养肥自己。要不了多久,蛭弧菌就伸长成螺旋状,并分裂成许多小段。待宿主细胞壁被进一步消化溶解后,这些小段便一起破壁而出,开始新的生活。蛭弧菌的这一特点,引起了科学家的强烈兴趣,有人用这种"吸血鬼"来对付水稻白枯叶病菌和大豆疫病菌,取得了可喜的进展。蛭弧菌将在防治人类疾病,确保家畜和农作物健康生长方面,大显神威。

幽门螺旋菌

我们知道人的胃有两个开口,上接食道,称为贲门,下接小肠,称为幽门。在有些人的幽门处我们会找到一种致病菌——幽门螺旋菌。这种病菌感染是常见的慢性感染之一。据统计，我国的一般人群幽门螺旋菌感染率为30%～60%；胃、十二指肠疾病患者中，有70%～95%的高感染率。被幽门螺旋菌感染后，极大多数表现为慢性炎症，即常说的慢性胃炎。其中有约十分之一的患者可发生消化性溃疡，如胃溃疡、十二指肠溃疡。甚至有些患者在其他因素的共同作用下可以发展为胃癌。由此看来，幽门螺旋菌感染是慢性胃炎的主要致病因子，并且与胃癌的发生密切相关。现在治疗幽门螺旋菌的方法主要有两大类：①以质子泵抑制剂来治疗；②以铋剂来治疗。但无论哪种方法，治疗结束四星期后均需再次复查，以确定没有残余的幽门螺旋菌。

双歧杆菌

双歧杆菌是一种对人体极为有益的菌群，它们生活在人体肠道的后段，在许多动物体内也发现了它们的身影，尤其在牛、羊等反刍动物中最为常见。自从1899年Tissier首次在婴儿的粪便中发现它们以来，人们对它们的研究逐渐深入，各种产品层出不穷。最早的像珠海的丽珠肠乐，以及近年来的三株口服液，它们都是利用活的双歧杆菌进行发酵后直接

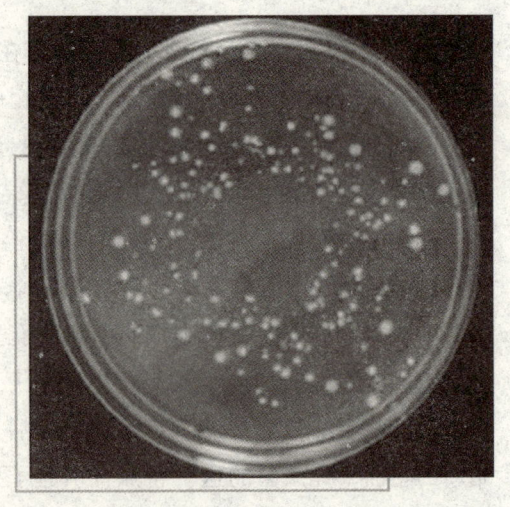

双歧杆菌

服用。但随着对双歧杆菌研究的加深，人们发现，直接服用活菌效果不佳，大部分均被胃酸所杀死，所以近年来人们的注意力逐渐转移至双歧杆菌生长促进因子（简称双歧因子）的研究中，像美国的脑白金，中国的昂立一号均属这类产品。通过服用双歧因子可大大促进身体肠道中双歧杆菌的繁殖。那么双歧杆菌到底有什么作用呢？原来，双歧杆菌具有生物屏障的作

用，它们生活在肠道的最内层，可以阻止各种有害细菌的入侵。其次它们还能产生多种维生素供给人体，产生酸使胃肠内的环境保持酸性，促进维生素B、铁、钙等离子的吸收，而且还具有抗肿瘤的功效。研究发现，双歧杆菌多的人身体的素质就好，双歧杆菌少的人极易患病，吃含纤维多的食物则双歧杆菌的数量增加，吃含脂肪的食物则双歧杆菌减少。双歧杆菌可以说是人类的长寿菌，应多加爱护，促进其增长。

乳酸菌

中国经济不断进步，带动人们的生活水平一年一个新台阶。人们已从讲究吃饱、吃好逐步发展到讲求营养结构，健身防衰老的新层次。发酵食品以其独特的风味，全面的营养结构，易消化等特点，逐渐被老百姓们所接受。这些全都应归功于乳酸菌的发现。乳酸菌是一群能发酵碳水化合物（主要指葡萄糖），且主要产物为乳酸的细菌的通称。所以从分类学角度而言，"乳酸菌"是一种不合规范的称呼。然而这类细菌在自然界中的分布极为广泛，并且在工业、农业、医学等与人们生活息息相关的领域中具有广

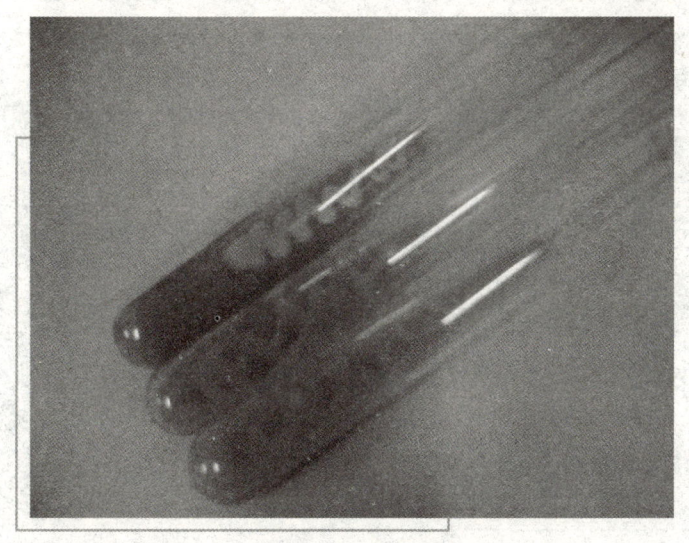

培养基内的乳酸菌

泛的应用价值,受到人们的重视。尤其在食品行业中的应用前景极为广阔,经过乳酸菌发酵的食品,提高了酸度,增加了独特的风味,可产生多种氨基酸、维生素和酶,使食品的营养结构得到改善,提高了营养价值。酸度的升高使食品的保存期延长了,有助于防止食品的腐坏。并且还可产生某些生物活性物质,能增强人体免疫力,具有较高的医疗价值。

黏菌

在20世纪50年代的美国曾出现一次大恐慌:在人们的房前屋后,街道寓所周围均出现了一团团,各种颜色,并且能缓慢移动的胶状物体。最初人们以为是"外星人"入侵地球来了,人人自危,纷纷逃离。然而后来的研究表明,这完全是一场虚惊,这些"天外来客"不过是一团团的黏菌罢了。由于当时该地的气候十分温和,并且出现了一场长达半月之久的阴湿天气,给黏菌的生长创造了一个大的培养皿,让人们大大地吃了一惊。其实很早以来,菌物学者就已经注意这种生物的存在了,觉得它们的行为和性能比较像低等的原生动物,但又具有微生物的一些特性,它依靠各种细菌或一些真菌的孢子为食。我们在自然界看到的黏菌多为黏菌的子实体。

黏 菌

它们的形态各异,色泽多样。有绿、橙、红、褐和蓝,但多为黄色和白色。它们附着在各种植物表面上,造成污染或遮蔽阳光而对高等植物的生长发育和观赏价值造成损害。近年来,随着对黏菌研究的深入,发现黏菌还是生物工程,尤其是遗传工程良好的基础研究材料。

菌藻的结合体——地衣

学过化学的人都知道有一种用来测量酸碱的试剂——石蕊试液。它就是由一种叫作石蕊的地衣体内提取出来的。那么什么是地衣呢?在古老的树木上和暴露在地面的岩石上常可以看到许多形态各式各样的附着物,有的是紧紧地贴在上面,有的是以假根附着在岩石上,伸出直立的分支。

这些生物既不完全是植物,也不完全是动物,而是微生物和藻类的混合体,它们就是地衣。如果用人工的方法把它们俩分开的话,则多数不能存活,即使有少数能够在培养基上存活,也不再出现两者共同生活时的形态和功能。由此看来,两者的关系是密不可分的。地衣中的藻类具有叶绿

地 衣

素,能进行光合作用,提供给菌类碳水化合物,而菌类能分泌出各种藻类没有的物质,如糖醇等,供给藻类的生长,两者是一种互惠互利的关系。地衣的应用十分广泛,可用于制作纺织业的染料剂,也可用作治病的草药,有些国家的人民还直接将地衣作为食物来食用。地衣是一种用途十分广泛的生物,应多加保护,合理利用。

噬菌体

细菌看不见摸不着，地球上的生物无论是庞大无比的鲸鱼、大象，还是凶猛的毒蛇、猛兽，均无法对它造成伤害，然而这小小的菌儿并不肯与你和平相处，总是伺机捣乱。一旦让它们"得逞"，轻者叫苦连天，卧床不起，重者往往性命不保。

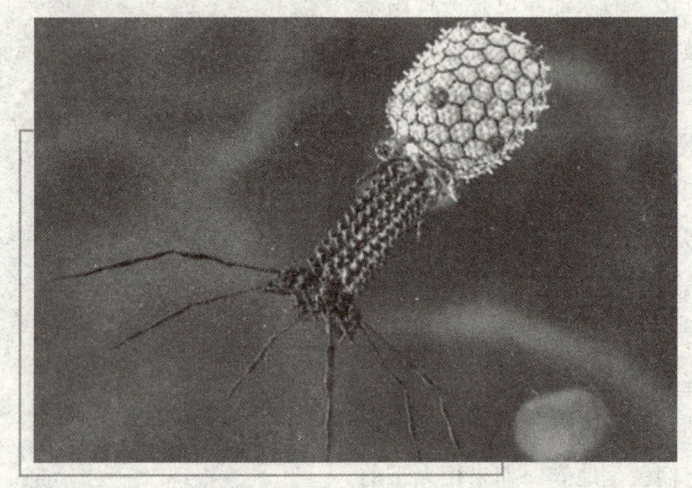

噬菌体

然而强中自有强中手，在微生物世界里，有一种更厉害的超小微生物，它们专门寄生在细菌内并溶解细菌，名字叫"噬菌体"。噬菌体的个子很小，大约是细菌的1/1000~1/100，所以它能够侵入细菌的内部，像孙悟空钻进铁扇公主的肚子一样，把细菌闹得天翻地覆。那么噬菌体是怎样吞噬掉细菌的呢？原来，当噬菌体碰到合适的细菌后，就毫不客气地用它的尾部牢牢吸附在菌体的外壁上，尾端的6根尾丝，会像钢索一样分散开来，紧紧吸附在细菌的外壁上，接着分泌出一种酶，在细菌的细胞壁上溶解出一个小孔，将头部里面的核酸注入菌体里面。注入的核酸会极快地在细菌体内复制，繁殖起来，直到充满整个细菌体。随着细菌的破裂，新的噬菌体又散发出去，寻找新的宿主细菌。噬菌体在自然界分布极广，但不用担心，因为它们只寄生在细菌和其他的原生生物中,对人和高等动植物没有什么影响。

头孢菌

在20世纪,科学工作者研究出一种新的抗生素——头孢菌素。它与青霉素一样,也是由霉菌类之一的头孢菌所产生的抗生素,所以称它为头孢菌素。它有更强的抑菌作用,能够消灭更多种类的致病菌,属于广谱性的抗生素。在临床应用中,它对大部分革兰阳性菌和一些革兰阴性细菌均有抗菌性能。如它对肺炎、肝炎、化脓、胃炎等一系列由细菌引起的严重疾病,均能获得满意的医疗效果。特别对青霉素和其他抗生素有抗药性的病菌,也显示出其优越的杀菌效果。这种新抗生素没有青霉素对很多人会产生过敏反应的那些缺点,十分安全,令人放心。据资料报道,在头孢菌中不仅找到广谱抗生菌的菌种,如抗绿脓杆菌、抗结核杆菌的新品种;而且还发现抗真菌,抗原虫,抗病毒和驱除寄生虫等具有奇妙作用的新品种。

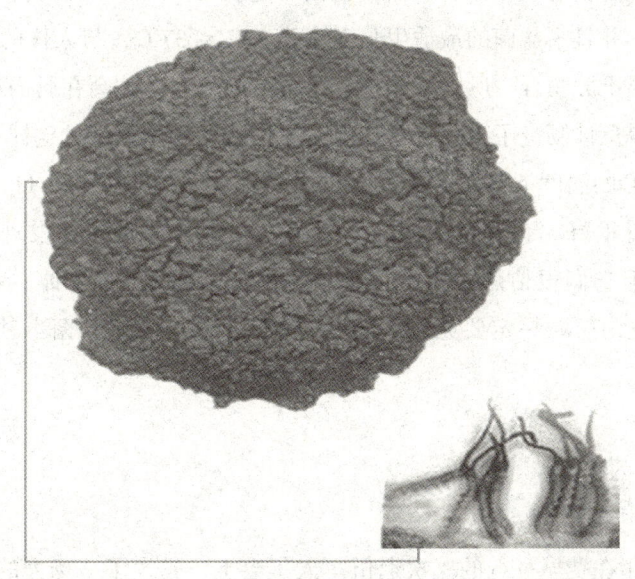

头孢菌粉

嗜盐菌

随着人们生活水平的不断提高,吃海鲜已并不是什么稀罕事了。但在吃海鲜时,尤其是海产的鱼和虾,有时会引起食物中毒。以前人们大多认为是由于海鲜存放的时间过久,不新鲜,致病菌污染的结果。但明明是新鲜的海鲜为什么也会中毒呢?原来在新鲜的海鲜上有一种特殊细菌——细菌中的怪物——嗜盐菌。之所以给它取了这么一个怪名字,是因为它特别"喜爱"盐。普通微生物只能生活在百

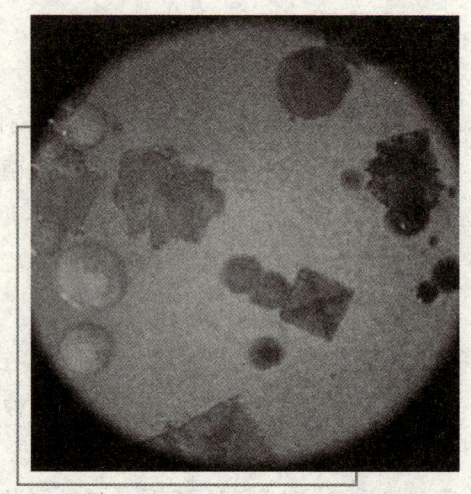

嗜盐菌

分之一以下的食盐培养液中,而嗜盐菌一定要在3%~4%的食盐培养液中才能生存,并且嗜盐菌的最适生长温度为33℃~37℃,与人体的36.5℃~37℃的体温十分吻合,所以一旦它有机会窜入人体,就会在肠内迅速繁殖,结果人就得急性肠炎了。并且嗜盐菌还不怕冷,科学家做过这样一个实验:在零下20℃的温度下,将嗜盐菌放在含有蛋白胨的水中保存,11个星期后,它仍生活得很好。有人还在冰冻冷藏了好几个月的鱼虾上发现了它们的"身影"。但它们很怕热,只要遇到56℃以上的温度,5分钟后就会死亡。所以,在吃海鲜时一定要充分煮熟后再食用,这样,嗜盐菌本领再大也无法施展了。

军团菌

1976年在费城举行的一次退伍军人集会上,暴发了一场大的流行性疾病,当时病因不明,被称作军团病。直至1977年,凶手的真面目才被查清,

原来这是一种两端钝圆的小杆菌，长度为1/5微米到2微米，宽度为0.03～0.09微米，并且形状多种多样。该菌引起的疾病——军团病，任何年龄的人均可能患上，但多见于中年人和老年人。军团菌多隐藏在土壤中，进而污染水源，汽化形成溶胶颗粒，漂浮在空气中造成空气污染，进入人体后可能导致病人出现肺炎的典型症状，故被误诊为肺炎而延误治疗。另一种症状为病人出现发热、头痛、肌肉痛、咳嗽、腹泻、胸痛、咽痛、失眠、协调不良等症状，发病率高达95%以上，目前已流行到欧洲、美洲、亚洲、大洋洲等地区。2007年，我国也有病例发现。1978年，在美国的佐治亚洲曾专门召开了国际性军团病专题研讨会，说明世界对军团病的高度重视。较常见的是嗜肺性军团菌，对它的治疗仍无好的方法，有科学家推测，这种病菌是由外星世界传来的，许多问题仍是个谜，有待科学家们的进一步研究。

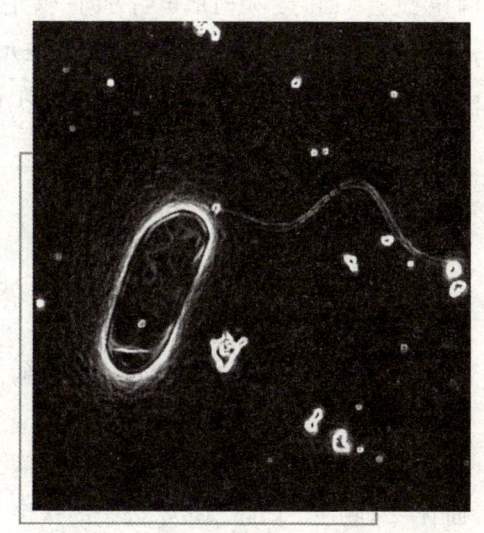

军团菌

磁铁细菌

1975年的一天，美国生物学家布莱柯麦在清除污水时，随手从水中采了一些水样，放在显微镜下观察起来。突然，他发现有一类细菌总是不约而同地朝同一方向游动。布莱柯麦被这个奇特现象迷住了，不知经过多少个不眠之夜，他终于发现，这些细菌的运动方向原来受磁场的控制。如果用磁铁来改变磁场，那么这些细菌就会改变运动方向，而与磁场的方向保持一致。布莱柯麦将这些带有磁性的细菌称为磁铁细菌。经过夜以继日的研究，他终于揭开了磁铁细菌的奥秘。原来，在细菌体内有自己的"罗盘"，这是埋藏在体内的一串"念珠",由10多个黑色的氧化铁颗粒构成。并且在磁铁细菌的头部都有一种纤毛状的触角,是细菌的"接收天线",用来感知磁场的变化,产生摆动,推动细菌前进。磁铁细菌的"罗盘"是天生的吗?不,这是它们出生后,吸收了溶解在周围水中的铁离子,通过体内复杂的化学反应才逐渐形成的。通常磁铁细菌生活在暗无天日的水底污泥中,体内的"罗盘"会在它们被掀上水面时,及时地辨明方向,使它们很快潜入水底,返回故乡。冶金学家认为,可充分发挥磁铁细菌富集铁元素的作用,请它们去采矿,分离化合物中的铁元素,彻底改变现在采矿的艰苦局面。

结冰细菌

结冰细菌是由美国怀俄明大学的一些生物学家发现的。他们在研究植物的传染病时,给植物撒上了腐殖土。实验时曾出现短暂的低温冰冻天气。在正常情况下是不会对植物造成冻害的,可这一次却是例外,植物冻死了一大片。科学家们在腐殖土中找到了罪魁祸首,这是两种结冰细菌,如果不是它们暗中作怪,植物是不会冻坏的。进一步研究表明,在结冰细菌表面有一种物质,能起积聚水分子的作用。这种细菌是靠植物细胞的尸体提供的营养生活的。一旦植物细胞因结冰而死亡,便成了结冰细菌的美味佳肴。为了防止结冰细菌对农作物的危害,生物工程专家已培育出一种突变种结冰细菌。只要把这种突变种结冰细菌引入植物体内,它们就会替代结冰细菌,使植物免受冻害。这一实验已经在加利福尼亚州的一些果园中获得了成功。喷射过突变种结冰细菌的橙子树,甚至在-5℃时也不会结冰。可不少科学家对大规模使用这种细菌仍持保留态度。因为广泛使用这种突变结冰细菌后,它们就会在各个地方大显神通,将结冰细菌排挤掉,从而使地球上水的结冰温度从0℃降到-5℃,甚至更低一些。这样,全球的气候将随之而发生难以估量的变化。

细菌大夫

一提到细菌,人们往往会马上联想到各种疾病,如肺炎、伤口发炎、肝炎、感冒、发烧等，但是并不是所有的细菌都危害人类，使人得病，相反还有一些"好"细菌，它们会帮助医生给人治病，这就是——细菌大夫。细菌大夫的功劳可不小，一直以来，人体的排异现象在医学上是一大难题，常使皮肤和各种器官的移植功亏一篑。细菌大夫的到来使情况大有改观，科学家们在霍乱菌的分泌物中发现了一种能抑制人体排异反应的蛋白质，只要在手

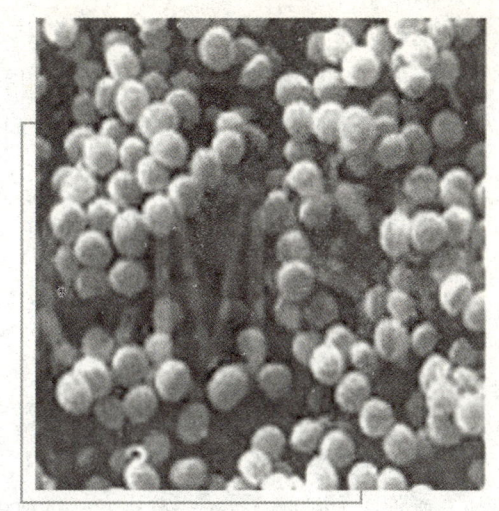

白细胞细菌

术的前一天，给病人注射这种蛋白质，手术后病人就会减轻甚至不再发生排异反应了。白细胞细菌也是优秀的大夫，它们能分泌出毒素来杀死动物体内的白血病细胞，从而治愈白血病。并且这种毒素对于人体内的白血病细胞及肺癌、子宫癌细胞均有较强的杀伤作用。细菌大夫的发现使人类治疗各种疾病的道路又多了一条，随着各位细菌大夫的相继发现，并应用于医疗中，人类的各种顽症均有望彻底根除。

耐高温的细菌

通常，细菌在30℃~37℃的环境中是非常活跃的。当温度超过50℃时，细菌就会变得死气沉沉的。如果把它们放在100℃的沸水中，要不了多久，这些微生物就会全军覆没。人们利用这一点常常用100℃的高温来杀菌消毒。但有一些细菌与众不同，它们一点也不怕高温。在美国黄石公园的温泉中，生活着一种芽孢杆菌，能耐93℃的高温，另一种芽孢杆菌，在108℃的高温下仍安然无恙。最令人惊讶的是，在一处火山口附近发现一种能耐300℃高温的细菌。为什么这些细菌不怕高温呢？原来耐高温细菌的蛋白质的成分和结构与普通细菌的不一样。当环境温度超过100℃时，这些蛋白质

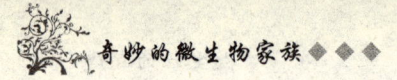

会采取一种神奇的对策：使蛋白质的结构发生变化，形成一种保护性外壳。由这样的蛋白质组成的细胞膜，就像一层"隔热墙"把高温拒之门外，使细胞内的正常生命活动不受影响。对于耐高温细菌的起源，多数科学家认为，它们是从普通细菌中分化出来的。在高温环境下，经过许多世代的适应和变化，逐渐获得了抗高温的本领。

吃混凝土的细菌

我们知道，混凝土的主要成分是水泥和黄沙。这些东西细菌怎么会吃？然而怪事还是发生了，1984年1月13日，在英国西北部费德里尔市发电厂的一座高达125米的巨大冷凝塔在一阵风中突然倒塌了。这座冷凝塔由钢筋混凝土构成，坚固得如碉堡一样。它怎么会塌了？后经科学家的多次实验，终于发现了一种专门吃混凝土的细菌，名叫"混凝土吞食杆菌"。这种细菌是怎样吞食混凝土的呢？原来在水泥中含有石灰，混凝土吞食杆菌能分泌出一种酸，与石灰发生作用，把石灰一点点溶解掉。这样，由表及里，细菌会一点点将混凝土中的石灰全部吃掉。结果，在混凝土中就产生了许多细微的孔隙。外表看来，没什么变化，而内部已是千疮百孔。一阵大风袭来，只有轰然倒下了。怎样对付这些讨厌的细菌，成了建筑学家们面临的新问题。经研究发现，将建筑物的表面打磨得十分光滑，或在混凝土表面涂上一层塑料薄膜，使细菌难以附着在混凝土上，就能防止它们吞食混凝土，破坏建筑物。

能织布的细菌

你可能知道用棉、丝、麻、毛及各种化学纤维可以做各种衣服和纺织品的原料，但你见过用细菌吐出的"丝"织成的布吗？或许在不久的将来，你就会穿上用细菌"丝"织的布做的衣服了。说到细菌织布，可以追溯到19世纪。微生物的奠基人巴斯德就曾发现一种胶醋酸杆菌能使酒变成醋，同时会"吐"出一根根的细丝来。进入20世纪后，英国科学家布朗对这一

微生物的家谱

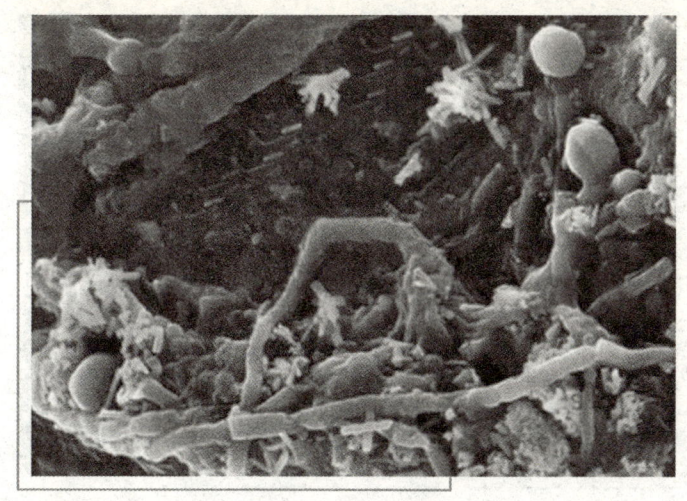

菌丝纤维

现象作了更深入的研究，发现这种细菌的膜上有一些细孔，能把葡萄糖变成很细的纤维"喷"出来。并且如果在培养基中加入一种荧光增白剂后，细菌受到刺激，会将许多细丝合并起来，变粗，生产速度也提高3倍。产出的纤维长而结实，质量上乘，比天然的棉花还要好，可用于造纸和纺织工业。其后，英国的沙加尔又对布朗的方法进行了一系列的改进，改进后的细菌48小时内在5升的培养罐中制出0.5千克的菌丝纤维，比各种天然纤维的生产周期不知快了多少倍。而且一年四季均可生产，成本还十分低，只需一点点糖蜜、一定的温度和湿度就可以大量繁殖，大批地生产。因此我们相信人们穿上细菌织的布已不是很遥远的事了。

发光细菌

你听说过细菌能发光吗？你见到过细菌发光吗？说到发光细菌，还有一段有趣的故事。那是在19世纪初，西太平洋的巴布亚岛上，当时该岛正被荷兰殖民者所占领。在一个黑漆漆伸手不见五指的夜晚，一名巡逻的荷兰哨兵发现，海洋中有无数的亮点飞速的向海滩扑来，哨兵急忙跑去查看，奇怪的是当他走到海边时，亮点一下子全部消失了，而他的身后却留下了

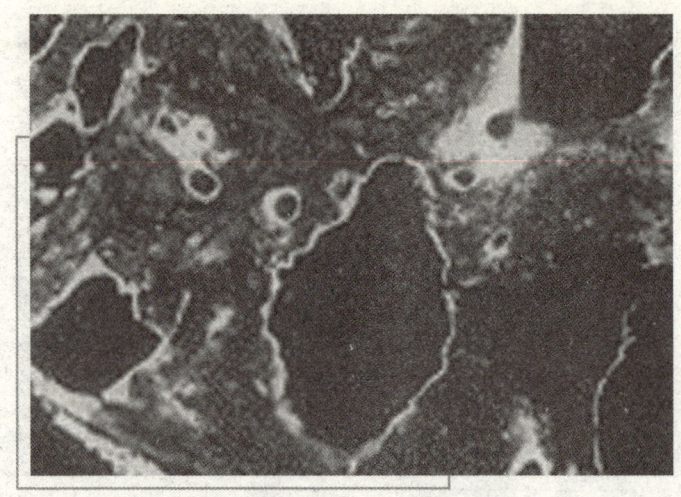

荧光素

一长串闪亮的脚印。哨兵以为这是魔鬼留下的脚印,吓得狂奔乱跳起来,闪光的脚印也一直跟踪而至……这其实是发光细菌同他开的一个小小的玩笑。现在已经知道海洋中有 100 多种发光细菌,在发光细菌体内含有一种叫荧光素的物质,它在荧光酶的催化下与空气中的氧结合发出闪闪的亮光。虽然一个细菌发出的光是很微弱的,但是几十万亿个发光细菌发出的光,足可以抵得上一支燃烧的蜡烛。尤其在漆黑的夜晚这种现象更加明显。科学家们研究发现,发光细菌在某些化学物质的激发下,发出的光的强度会发生改变。现在它们已在海关和刑事侦察部门中担任探查各种毒品和走私犯罪的重要任务。

邮票细菌

我们知道细菌有 3 种形态:球形、杆形和螺旋形。然而大自然的力量是无尽的,常常会创造出一些与众不同的生命。近年来发现的一种方形细菌,就是大自然的杰作之一。英国科学家沃尔斯比首先发现了它。一次,沃尔斯比在西奈半岛海岸边的一个与海相通的盐水池旁观察水样时,发现在载玻片的水膜上飘浮着一些小方块。后来他发现,这些小方块居然像细菌那样分裂增殖，这才确定这是一种新发现的细菌。显微镜下，可以清晰地看到它们的样子，多为长方形或正方形，边长 1.5~2 微米，厚为 0.2~0.5 微米，少数为三角形或不等边四边形。它们也像细菌一样地分裂，由一变二，由二变四，首先变成"日"字形，再变成"田"字形，直至分裂成 16 个，然后它们之间才彼此分开。在此之前它们一直连在一起，很像一版没有撕开的邮票，邮票细菌由此而得名。这些细菌的出现，给科学家们提出了许多问题，这些细菌为什么选择方形的结构？它们如何生活在饱和的海水中？这种方形结构对人类有何启示？这些均需要后人来研究。

什么是真菌

在夏末秋初，每当雨后，在田野草丛中，常可以看到一簇簇各种颜色的蘑菇。人们饭桌上的木耳、滑菇；市场上卖的平菇、香菇；号称能使人"长生不老"的灵芝仙草，这些都是真菌家族的成员。在日常生活中，真菌和人们的关系更加密切，吃的酱油、腐乳；穿的花布、丝绸，都有真菌的功劳。真菌还能把淀粉变成葡萄糖、柠檬酸、乙醇等许多重要的工业原料。既然真菌与人类关系如此密切，那么它究竟是一类什么样的生物呢？简单

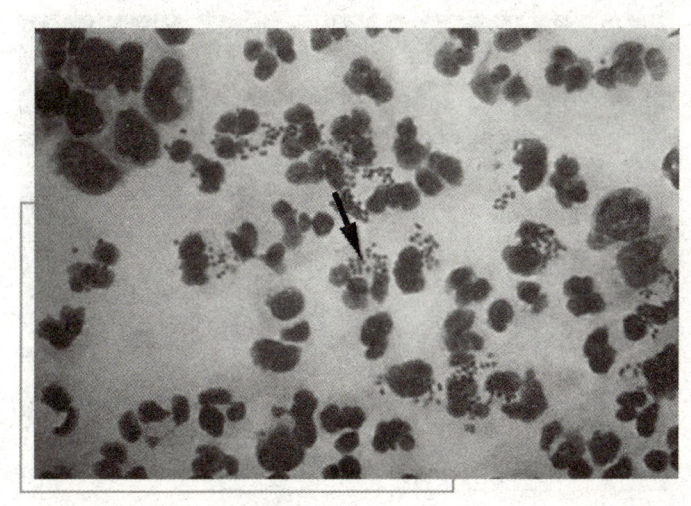

显微镜下的真菌

地说:真菌是具有真正细胞核的,能产生孢子的,并以吸收方式得到营养的有机体。它们一般能进行有性和无性繁殖,营养体常呈分支状,具有甲壳质或纤维质的细胞壁。不过,在真菌中也有"坏人",在通风不良而又潮湿的仓库里,东西会发霉,水果会腐烂;铁路线上的枕木会因霉菌而报废。许多疾病也是由于真菌引起的,最常见的脚气就是由于真菌寄生在人体的表皮而引起痒、痛等症状。真菌具有神奇的威力,同时又有巨大的破坏性,如何利用益菌,控制害菌是摆在人们面前的一项新任务,只有认识真菌、了解真菌,才能更好地利用它,改造它。

真菌的营养体

虽然真菌肉眼看不到,但是它的结构却是很复杂的,在真菌的一生中,有多种多样的形态特征。现在,我们来认识真菌的营养体,顾名思义,真菌的营养体是给真菌提供营养、维持真菌生存的结构。"菌丝体"是多数真菌常见的营养体。菌丝体的典形构造是向四周伸展的丝状体或绒状体。各个组成单位称为"菌丝"。菌丝的直径很小,最大的在100微米左右,最小的还不到0.5微米。通常菌丝直径多在5~6微米左右。菌丝大多是无色透

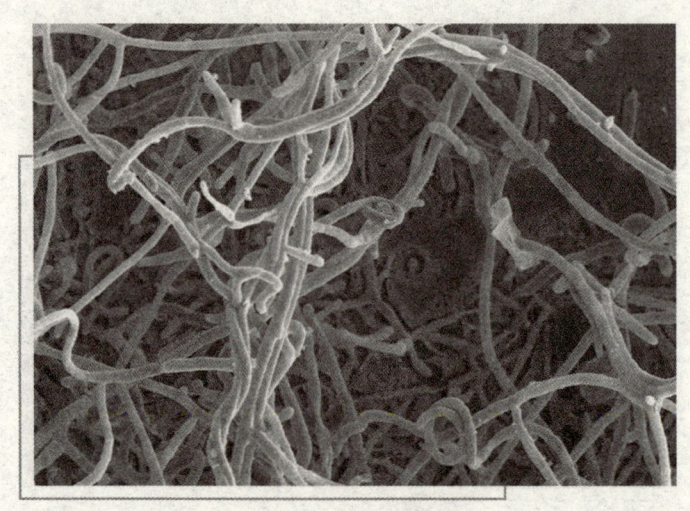

菌　丝

明的，但也有有颜色的，生长较老的菌丝也可能会有颜色。有的菌丝中还有横隔膜，把菌丝分成一节节的。真菌的菌丝除营养作用外，还可形成各种组织：如有的真菌许多菌丝体纠结成团，形成坚硬颗粒，叫"菌核"，有的菌丝体平行扭结成索状组织，称为"菌索"，起到保护真菌免受不良环境影响的作用。寄生性真菌中，有的菌丝会产生旁支，穿入寄主细胞中吸取养料，所以称为"吸器"。有的真菌还能形成"菌网"或"菌套"，来捕食各种小软体动物作为自己营养的补充。但无论菌丝体怎样改变，它们的本质还是为真菌提供营养。所以把菌丝体称作真菌的营养体。

真菌的繁殖

有生就有死，这是自然界不变的规律，真菌也不例外。当真菌发育到一定阶段后，就开始为传宗接代作准备了。真菌的繁殖器官大多是由营养器官转变而来的。真菌主要是产生各种各样的孢子来作为繁殖单位的，孢子常成万成亿地产生，数目大得惊人，而体积却非常微小。真菌的孢子主要有两大类，一类是由两个细胞内的两个或多个细胞核及其周围的原生质结合而成的，称为"有性孢子"，它们包括卵孢子、接合孢子、子囊孢子及

真菌的繁殖体

担孢子等,而另一类是由单细胞分裂形成的,称为"无性孢子",它们包括游动孢子、孢囊孢子、芽孢子、粉孢子、分生孢子及厚垣孢子等。为什么一种真菌要产生两种不同的孢子呢?原来有性孢子对抵抗不良环境和保存菌种具有重大作用,而无性孢子对于个体数目的增加和真菌的繁衍意义重大。靠着这两种真菌孢子的互相配合,互相弥补,真菌虽经历了几次大灾难,仍能繁茂地生存。

子实体层

如果我们对蘑菇细心观察一下就会发现,在菌盖的下面有一些呈叶状或管状的结构,我们把叶状结构称为菌褶,把管状结构称为菌管。菌褶和菌管上均布满了孢子。孢子的形状各式各样,它的形状、颜色、大小、花纹是蘑菇分类的重要依据之一,而这些孢子着生的担子就是子实层的一部分。子实层分布在菌褶的两侧和菌管的里面。子实层上有担子、囊状体等。这些子实体层的责任可谓重大,它们肩负着传宗接代的重任,在它上面的担子上着生着孢子,在未成熟时多为白色,老熟后就变成各种不同的颜色,

蘑菇的子实体层

随着风的飘动传播到很远的地方去建立新的家园。子实体层为它们的成长提供了足够的空间和充足的营养。当孢子们都散发出去后，子实体层中的营养也就消耗得差不多没有了，子实体层就会逐渐枯萎而死了。

菌 盖

我们通常所说的蘑菇是指真菌的子实体，也就是它的地上部分，它们的样子很像一把插在地里的雨伞。其实在地下还有一大部分的菌丝体，蔓延出好远。我们要认识的菌盖仅仅是蘑菇子实体的一部分，就是好像帽子一样扣在子实体上的部分。菌盖的形状多种多样，较常见的有钟形、斗笠形、半球形、漏斗形等。并且由于菌盖表面的表皮上含有不同的色素，因而菌盖还呈现出各种不同的颜色，有白、黄、褐、灰、红、绿等，而且各类颜色中又有深浅之分。在菌盖上还有各种附属物，如纤毛、环纹，各种鳞片等，有的蘑菇菌盖上还会分泌出各种黏液。而幼小的蘑菇和成熟的蘑菇也稍有差异，甚至会完全不同。一些蘑菇还有一种奇怪的现象，当被异物碰伤后，伤口会逐渐发生颜色的变化，例如：牛肝菌受伤后会变成青蓝色，稀褶黑菇的伤口会先变成红色后变为黑色。蘑菇的菌盖是分类学上的

菌 盖

一个重要依据,也是我们食用的主要部分,应注意区分毒蘑菇和食用菌,防止误食中毒。

真菌的菌柄、菌环、菌托

如果我们把蘑菇比喻为一把雨伞,那么菌柄就是伞中央的硬杆。真菌的菌柄大多生在菌盖的中央,也有少数生在菌盖的一侧或稍偏。菌柄有肉质的、蜡质的、纤维质等各种质地;颜色多种多样,有白、红、黑、褐等多种颜色;形状也千奇百怪,圆柱形、纺锤形、杵状等,并且形状可随生长阶段而发生变化。在子实体发育早

菌 柄

期,是由一层膜包围着子实体的,我们称它为总苞或外菌幕,有的厚些,有的薄些。膜薄常常随着子实体的发育就逐渐消失了,而厚的外菌幕常全部或部分遗留在菌柄的基部,形成一个袋状物或杯状物,这就是菌托。知道了菌托的由来,菌环就比较好理解了,在菌盖的发育中,它的边缘和菌柄连在一起,形成一层膜称为内菌幕,这层膜有薄的,也有厚的,也有蛛网状的。子实体长成后,内菌幕常在菌柄上留下一个环状物,这就是菌环。带有菌托、菌环的蘑菇多属于毒伞一类,大多有毒,采食时一定要多加小心,当心误食中毒。

真菌的命名

真菌是植物界中庞大的一门,在世界上有10余万种之多,每一种都有它自己的名称,而且因国而异。同一种真菌,有中国的名称——中名,有

外国的名称——外名。国内各地区、各民族又有其习惯的名称——俗名、别名等等。其优点是适用于当地，但因地区的局限性，有的含糊，有的不专指一个种而是指一个类群。为了科学的准确性，避免混乱和便于国际间的技术交流，世界各国都采用"双名法"来为生物界命名，称为学名。"双名法"是根据瑞典植物学家林奈在 1753 年发表的"植物的种"一文中所介绍的

真 菌

命名原则。以后经过 7 次国际学术会的协议，而确定下来的国际命名规约。根据"双名法"的原则，每一种生物的学名，由两个拉丁字组成。第一个字表示该种真菌所隶属的属名，为名词；第二个字是它本身的种名，为形容词。依拉丁文法规则（性、数、格）与名词一致。在印刷时，学名用斜体字，在手写时，学名下加横线。属名的第一个字母要大写，种名的第一个字母不必大写。正式学名要在种名之后加上命名人的名。如扁柄伞菌的学名为 *Agaricus compressipes* Chiu。Agaricus 是本种所隶属的属名——伞菌属，compressipes 是本种种名，是形容本种伞菌具有扁平菌柄特征，Chiu 是我国著名真菌专家裘维蕃的姓，说明这个真菌的学名是裘维蕃定名的。这就是真菌定名的一般程序。

真菌的分类单位

和高等动物和高等植物的分类单位一样。"种"是分类上的基本单位。每一个物种都有它自己的发生、发展和灭亡的历史。达尔文在《物种起源》中指出：物种是不断变化的。但在一定的时间内，物种又是相对稳定的。科学家们根据各种生物的形态特征，生理机能和生活习性的不同将自然界的物种人为地划分开来。把具有共同祖先，亲缘关系较近的各个"种"，归

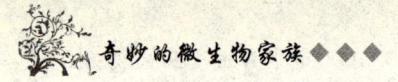

纳为较大的分类单位即"属",按照起源共同性原则,又把一些"属"归纳为"科",把"科"归纳为"目","目"又归纳为"纲"。最后还是按亲缘关系,把"纲"合并成"门"。门是分类学上的最大单位,也是最高等级。这就是生物分类系统上通用的单位:"门""纲""目""科""属""种"。在每一级单位上,又常设有较小的单位而冠以亚字,如"亚纲""亚目""亚科""亚属"和"亚种"。种以后还设有"变种""型"等单位。"门""纲""目""科""属"的学名第一个字母都要大写。除属、种的拉丁名可印成斜体字外,科、目、纲、门都用正体字,而不能印成斜体字。

真菌的采集

无论是专业人员还是业余爱好者,真菌的采集是一项必不可少的工作。能否有效、全面地采集某一地区的真菌,关系到许多重大的发现。首先采集前要做好充分的准备工作,如标本筐,小纸盒等用于盛放易碎、易压坏的种类,准备好各种规格的短刀、剪枝剪,另外还要带有足够数量的号牌、白纸、报纸用来记录、包扎。其次在采集过程中要依据采集对象的不同而采取不同采集方法:对于高等担子菌和盘菌类的采集,要注意采集完整,可略带一些基质采集。而如果是枝梢、枝条、叶片上的病害真菌标本,一般用剪枝剪取病枝或带有病叶的标本的枝条,夹在标本中即可。当采集到一种真菌后,野外记录是非常重要的,首先应记明采集日期、场所、寄主的名称、寄生的部位、温度、湿度及土壤的酸碱度等;其次记录标本的外部形态,包括大小、习性、结构、菌幕、菌环和菌托的有无,菌盖的大小、形状、颜色等;最后记录菌肉的颜色,割开后有无变色、质地、尝味等。有条件的要及时摄影,防止有些真菌干后会变色。经过以上的步骤,就可以将标本收好,开始下一个真菌的采集了。

真菌与植物根的结合体——菌根

在陡峭的悬崖上,我们常可以看到一株株的苍松翠柏在石缝中傲然挺

菌根菌

立。它们的环境那么恶劣，却生长得如此茂盛，这是怎么回事？生长所需的养料从哪里来？而草原上的土壤营养条件不知要比石缝中好多少倍，但树木反而不能生长。这种现象引起科学家的极大兴趣，终于揭开了这个秘密。原来，是由于真菌的菌丝与植物的根结合在一起形成一种特殊的结构——"菌根"所造成的，形成菌根的真菌称为"菌根菌"。在草原的土壤环境里，菌根不容易形成，所以树木不易成活。还有兰科类植物如天麻，要是没有菌根菌，就会停止生长，甚至死亡。菌根到底是如何帮助植物生长的呢？原来，真菌的菌丝生长在植物的细胞间或细胞内，或者在根的外面。真菌用它庞杂的菌丝体把土壤和植物体根系联系起来。菌根菌分泌一些特殊的酶类来分解不溶解的有机物和矿物，使它们变成能为植物所吸收的物质，帮助植物的生长。真菌又从植物体内获得自身发育所需的营养。双方均受益，这种现象在生物学上称为"共生"。

了解不多的半知菌

真菌界包括鞭毛菌、接合菌、子囊菌和担子菌，它们是依据其有性世代所产生的有性孢子的特征来区别的。鞭毛菌除少数低等的以外，产生卵孢子；接合菌产生接合孢子；子囊菌产生子囊孢子；担子菌产生担孢子。但很多真菌在某种环境条件下，个体发育并不进入有性世代，甚至有的菌株失去产生有性孢子的能力。还有可能我们观察真菌的时机不当，常常只遇到它的无性阶段而看不到它的有性阶段。因为我们只了解其生活史中的无性世代而不了解它的有性世代，所以常称它们为半知菌，这些真菌都放在半知菌

半知菌

亚门中。半知菌在自然界分布极广，种类也较多，已知有1825属15000种以上，在数量上仅次于子囊菌亚门，其中有许多种寄生在植物或动物体上。植物病害的病原真菌，约1/2属于半知菌，它们能引起苗木枯死、植物叶斑、炭疽和疮痂、植物枝条枯死和丛生等病害，对农业的危害很大。

蘑　菇

蘑菇属真菌的范畴，但它并不是真菌分类学上的一个自然类群。蘑菇大多属于真菌中的担子菌，但也有少数属子囊菌。在以前的分类系统中，将蘑菇放在植物界的一个分支上，但近年来有人认为它们不具叶绿素，而且含几丁质，应单独把它们分出来另立一界——真菌界。蘑菇在我国的分布极广，由于我国的地理条件多种多样，适宜各种蘑菇的生长，所以一年四季我们都可见到它们。特别是夏末秋初生长是最为旺盛的。蘑菇大致可分为有益和有害两大类。有不少种类味道鲜美，营养丰富，因此自古以来广大劳动人民就有采食蘑菇的习惯，并且成功地将不少野生种类驯化栽培，成为名贵的食品。并且在蘑菇中有许多的品种可以药用。有些种类与高等植物共生，形成菌根，成为某些森林植物生长不可缺少的因素。但也有些品种是有害的，能使木材腐朽，危害林木。还有一些种类，含有有毒物质，

蘑 菇

误食后会引起中毒，重者还会致死。所以在食用前一定要辨认清楚，千万不可乱食不认识的蘑菇。

鞭毛菌

鞭毛菌在这里不是指哪一种真菌，而是一类具有相似特征的真菌的统称，它们在进行无性繁殖时都能产生具有鞭毛的游动孢子，所以把它们称作鞭毛菌。这一类真菌除极少的一部分为典型的单细胞外，大多是分支的丝状体构成，菌丝通常是无横隔的，只有在繁殖的时候才暂时形成横隔。当鞭毛菌进行无性繁殖时会产生单鞭毛或双鞭毛的游动孢子。如果是双鞭毛的游动孢子，那根稍长一点的鞭毛下部僵直而上部柔软能甩动，称为尾鞭。稍短一点的鞭毛则在鞭毛侧面生出许多茸毛，称为茸鞭。无性孢子具有鞭毛，是这一类真菌区别于其他菌类的重要特征。鞭毛菌大多是水生，只有少数两栖生、陆生、腐生或寄生，但不管它们的生活方式如何，它们的无性孢子均有鞭毛，均可在水中运动，因此又把这类真菌称作"水生真菌"。这类真菌大多是有害菌，危害很大，应多加预防。

水 霉

养鱼的人都知道，在渔业上有一种危害极大的病菌，也就是我们要说的水霉。水霉大家并不陌生，在饲养的金鱼的鳃部或腹部我们常可以见到一些白色的斑块，极不容易治疗，患处的组织会逐渐腐烂，直至死亡，死亡的鱼身上会布满白色的菌丝，传染也很厉害。水霉属于鞭毛菌亚门，卵菌纲，水霉目。水霉的菌丝体白色，

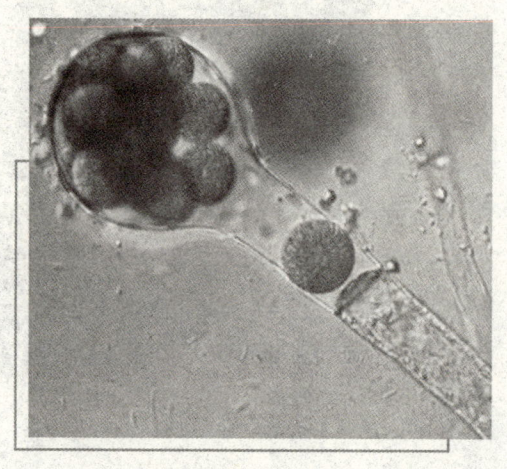

水 霉

绒毛状，分支较多，无横隔。水霉产生的无性孢子称为游动孢子，因为在它们的前端具有两条鞭毛，可以在水中自由游动。游动一段时间后，又成为一个静止的孢子，以后又从这个静止的孢子生出一个新的肾形的游动孢子，称为第二型游动孢子，它会钻入鱼体的组织中发展为鱼病。这种现象称为双游现象。科学家们研究发现，水霉侵害鱼苗、成鱼和种鱼，特别是正在孵化的鱼卵，破坏寄主的组织，使寄主肌肉腐烂，以至死亡，对鱼类的危害极大。用2.5%食盐水，5%漂白粉洗涤病鱼鱼体数次，可治愈。

捕食性真菌

植物中除了大家已熟知的猪笼草，茅膏菜和水中的狸藻以捕虫为生外，还存在着一些能捕食虫儿的微生物，它们就是藻状菌纲中的真菌。在农业上有一种细长如线头的软体线虫，它们危害庄稼的根部，破坏作物的养料输送线，夺走植物的肥料。虽然它们的平均体长仅0.1~1毫米，但是它们

繁殖能力极强，且移动迅速，到处繁殖，四处捣乱，危害农作物的生长。"魔高一尺，道高一丈"，捕食性真菌就是它们的天敌。捕食性真菌的捕虫方法极其巧妙，在真菌的菌丝体的每个分支上都长了专门用来捕捉线虫的结构——"捕虫环"，就像捉狗时用的钢丝索套，在捕虫环的内侧长着密密麻麻的钩刺，平时捕虫环是瘪瘪的，像一个漏气的救生圈，一旦猎物钻入，捕虫环内侧马上吸水膨胀，体积猛增到原来的3倍，捕虫环也随之收紧，并越收越紧，任猎物如何挣扎，也难以挣脱。这时捕食性真菌的菌丝从四面八方慢慢把猎物裹住，分泌出消化液把猎物消化掉，作为自身生长、繁殖所需要的营养。科学家们人工培养这些真菌后，应用于农业防治线虫，取得了较好的效果。

担子菌

担子菌是真菌中具有较大经济效益的一类，担子菌与其他真菌有着许多不同。担子菌的菌丝体十分发达，在菌丝中有横隔。担子菌的菌丝要完成2～3个明显的发育阶段，即初生、次生和三生菌丝体。初生菌丝体的菌丝通常从单核的担孢子产生。次生菌丝体的菌丝是典型的双核菌丝，来源于初生菌丝，由两条单核的初生菌丝配合而生，一条菌丝的每个细胞中的原生质都流入另一

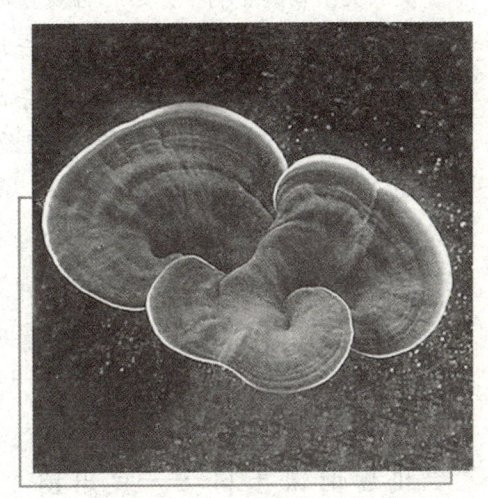

灵　芝

条菌丝的每个细胞中。因此，配合后的菌丝，每个细胞中都有两个细胞核。三生菌丝体是由次生菌丝体构成的复杂组织，也就是人们通常所说的蘑菇。除了锈菌目和黑粉菌目外，其他的各目担子菌都有明显的担子果（也就是蘑菇）。担子果的差别很大，有一年生的，也有多年生的；有脆弱的，也有

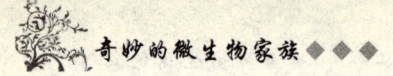

坚硬的；有伞形、扇形的，也有蹄形、珊瑚枝形的；有直径可达1米以上的，也有肉眼刚能看到的；有的重达30多千克，有的不足5克。在担子菌中，有人们爱吃的香菇、金针菇，也有治病救人的灵芝、猴头菇。可以说，大部分的食用菌都属于担子菌。担子菌是名副其实的"食用菌的家"。但也不是所有担子菌的子实体都可以吃，像毒伞属中的各个种类大多是有毒的，误食后会感到极度的不适，严重的还会危及生命。

食用菌的一般特性

现在人们的生活水平越来越高，膳食结构也已由吃饱、吃好逐渐向有营养、低脂肪、高蛋白的方向发展。食用菌就是一种很好的现代营养保健食品。食用菌大多生长在人迹罕至的深山老林中，那里的空气新鲜，污染少，受人类活动的影响小，是一种真正的绿色食品。其次，食用菌的营养价值极高，以香菇为例：每100克干香菇中，蛋白质含量占12.5%，糖类含量占60%，而脂肪只占6.4%，富含各种氨基酸和微量元素。第三，营养成分易被吸收：约75%以上的物质能被动物及人体所吸收，只有不到四分之一的"废物"，可吸收成分比一般水果蔬菜高得多。第四，食用菌的维生素含量大，种类也多，是大豆的20倍，海带的8倍，可以说是天然的维生素宝库。看了这些描述，相信读者都会对食用菌有了一个崭新的认识，但也要提醒大家：并不是所有的蘑菇都是可以食用的，食用前一定要识别清楚，防止误食毒蘑菇而中毒。

抗癌的微生物——食用菌

癌症，是当前严重威胁人类健康的世界性疾病之一。各国的科学家们都在不懈地努力工作着，试图找到治疗癌症的方法。终于有的科学工作者发现，如能常食用菌类食物，有防治癌的诱发和扩展的作用。日本国立癌中心的科学家们用新鲜香菇浸出液，给移植了"肉瘤-180"（一种专供动物试验的皮下肿瘤）的小白鼠服用，5个星期后，这种癌细胞被消灭了。这些科学家经细致的研究和探索，从香菇浸出液中分离了6种多糖体，发现有两种多糖体对肿瘤具有明显的抑制作用，并能起到免疫学的预防特性效能。而且食用菌含有降胆固醇和降血压的有效成分，所以，现在世界各国的科学工作者纷纷提倡人们多吃含食用菌的食品，以预防和制止各方面袭来的致癌因子的活动。

食用菌

仙人环

在茫茫的草原上，如果你运气好的话，你会看到在嫩绿的草丛中生长着一簇簇的蘑菇，而且它们还排成整齐的一圈，形成"蘑菇圈"。传说那是

仙人环（蘑菇圈）

由于天上的仙人到人间跳舞时留下的痕迹,所以又称作"仙人环"。如果你碰到"仙人环"的话,那你就丰收了!并且今后你还可以再来这里采集很长时间。那么"仙人环"是怎么形成呢?原来,菌丝的生长是朝着四面八方均匀地生长的,而蘑菇只生在新的有活力的菌丝上面,老的菌丝一般是不生蘑菇的,这样随着菌丝一年一年地向外生长,我们在地面上就会看到蘑菇逐渐长成了一个大的圆环,并且逐年扩大。而环的内外两侧,由于菌丝能分泌各种酶,分解土壤中的有机质,特别适于各种草的生长,所以在"仙人环"两侧的杂草生长异常旺盛,这就是"仙人环"的成因。

鸡 菌

在热带和亚热带,已知有上百种的蚂蚁有"栽培"真菌,并以真菌为食的习性,它们穴居地下,为害植物。它们将植物的各个部分咀嚼得很碎,像海绵一样,然后将真菌种在上面,真菌就在上面生长。蚂蚁们就以菌丝体的顶端膨大的圆球为食。其中的一些突起,突出蚁穴钻出地面,那就是鸡菌。可以说,只要有鸡菌的地方,地下一定有蚂蚁。鸡菌是一种美味的

鸡 菌

食用菌，菌柄上粗下细，菌盖初出地面时为黑色，以后呈棕黑色，全面张开时伞的直径可达 20 厘米，常常从边缘开裂，呈鸡爪状，这也是鸡菌名字的由来。科学家们研究发现，鸡菌与蚂蚁的关系十分密切，只有在蚂蚁的"哺育"下，鸡菌才能正常地生长，蚂蚁搬家的时候也会带上菌种一起迁移，而废弃的蚁巢上就不会再长出鸡菌了。如果能把它们两者之间的关系搞清楚，那么人工栽培鸡菌就不会像现在这么困难了。

金针菇

金针菇是一种驰名中外的食用菌，它以其鲜嫩滑脆的口感和丰富的营养成分，深受消费者的欢迎，在国内外市场上极为畅销。我国是最早认识和利用金针菇的国家。《四时纂要》《农桑辑要》等多部古书中对其栽培均有记载。金针菇原名金钱菌，古代称作构菌，日本称之为"耳"，是一种以食柄为主的小形伞菌，因为其柄具有金针菜（即黄花菜）的外观和脆嫩口感，所以大多称为金针菇。金针菇的大面积人工栽培始于 20 世纪 70 年代，食用菌科技工作者们根据中国各地不同的情况，就地取材，利用各种材料进行试栽均获成功，现在主要用木屑、棉籽壳、玉米芯、甘蔗渣、稻草等

金针菇

原料进行栽培。目前金针菇的产量已居世界食用菌产量的前四名。金针菇中富含人体所需的 8 种氨基酸，其中赖氨酸和精氨酸的含量均高于其他菇类，具有增加儿童身高和体重并促进智力发展的功能。金针菇国内外称之为"增智菇"，并对预防高血压和治疗肝病有较明显的作用，是一种较好的保健食品。

蜜环菌

说蜜环菌大家可能不熟悉，但提起榛蘑，可以说没几个人不知道的，其实榛蘑就是蜜环菌的俗名。榛蘑是一种我们经常食用的菌类，在夏、秋季节生于针叶树和阔叶树的根部或树干的基部。榛蘑的子实体丛生或群生，其菌盖呈扁半球形，成熟后逐渐展开，钝头，最后中央低压；菌盖上有褐色至黑褐色的毛状鳞片，中央多，四周少，在菌盖的边缘有条纹。菌盖呈蜜黄色至栗褐色，而且带有菌环，所以给它起了个蜜

蜜环菌

环菌的名字。蜜环菌是一种常食的菌类，并有清肺、驱寒、益胃肠等功效；还可治疗皮肤干燥、眼炎、夜盲症等疾病。近年来发现蜜环菌的菌丝与天麻具有相同的药用成分，现在正在大量用人工发酵的方法培养蜜环菌的菌丝，用于代替天麻。

银 耳

银耳是我国传统的名贵佳肴，在我国有着悠久的人工栽培历史。近年

来普遍采用塑料袋代料栽培，使银耳的产量获得大幅度的提高，逐渐进入老百姓的餐桌。银耳与黑木耳是两种很相似的食用菌。银耳的子实体呈乳白色或淡黄色，特别是烤干后的色泽更黄。一些做银耳买卖的商人常用硫磺把银耳的菌体熏白以迎合顾客喜欢白色的心理，其实干银耳的本色应该是黄色的。不过人工栽培的银耳在胶质的厚薄以及它应有的药效与天然的银耳有一定的差别。人工栽培的银耳往往"花朵"薄而色泽淡白，还缺少应有的滋味而且性质脆而没有胶质感，营养价值也较差。在银耳的生活中需要一种特殊的生物因子——伴生菌。原来银耳菌丝分解纤维素、木质素以及淀粉等大分子化合物的能力极弱，所以需要依靠一种伴生菌——羽状菌丝（也称耳友菌丝、香灰菌丝），先把木材或培养料的大分子化合物分解转化为简单的化合物，银耳菌丝才能吸收利用，这是银耳在营养上的特点，也是与其他大多数食用菌不同之处。

野生银耳

猴头菇

猴头菇因为它的外形有些像小猴子的脑袋，特别是干燥后变成褐色时更像，甚至像刺猬，故又名刺猬菌、花菜菇，是一种营养丰富，味道鲜美的著名山珍。它们寄生在阔叶树，如栎树之类的落叶树上。当它们的半寄生半腐生的菌丝发育到一定时期，就在栎树皮上横生出白色柔软肉质的倒卵形担子果来。这个担子果没有明显的头盖。从担子果上部长出长达1~3

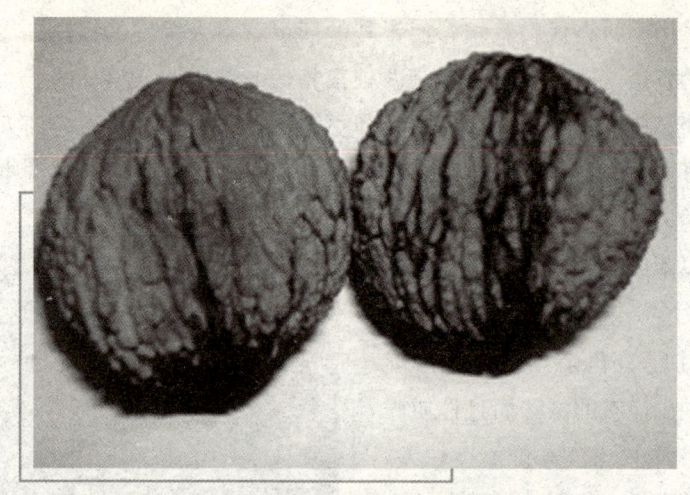

猴头菇

厘米的齿状结构,看起来就像猴子的头发,有些部位也有密集绒毛状的不孕菌丝。过去只能在林间采集得来,所以数量不多。物以稀为贵,售价就比较高,现在大多采用人工栽培。近年来猴头菇的栽培面积越来越大,产量不断提高。从猴头菇中提取出的多种猴头多糖和多肽类物质,具有抗癌活性和增强机体免疫功能的作用。在国内用猴头菇菌丝体制成的猴菇片,已广泛用于医治胃溃疡、十二指肠溃疡、慢性胃炎等疾病,并对医治食管癌、胃癌、十二指肠癌等消化道系统的肿瘤也有一定的疗效,且无毒性和不良反应,深受患者和医生的欢迎。

茯 苓

中国地大物博,各种奇花异果数不胜数,茯苓就是其中的一种。茯苓作为一种珍贵的药材已有3000多年的历史了。在《神农本草经》中将茯苓列为药中上品,它具有利尿、安神、平心律、助消化之功效,可治疗水肿、失眠、心悸、腹胀等症。准确地说,茯苓是真菌的一种菌核。前面已经讲过,菌核是由无数的菌丝体纠结缠绕在一起,并经过特化而形成的。在现已知道的真菌菌核中,茯苓的菌核是真菌中最大的,

茯苓

最大的可达60千克，一般重约2~3千克。在我国南北各省均有野生茯苓的分布。茯苓多生长在丛林中的松树下面，埋藏在土中不易寻找。刚从山林中采到的新鲜茯苓，外形很像山药，呈球形或块状，不光滑，有瘤状物或皱褶；外皮色泽淡灰，棕色或黑褐色，内部白色或浅粉色。由于对于茯苓需求的加大，在我国南方还用松木进行人工栽培取得了成功，现已大规模生产。

雷 丸

我国出产许多珍奇而名贵的药材，其中真菌药材在药材中占有重要的地位。雷丸，顾名思义，是一种圆圆的像丸子一样的东西。在我国南方比较茂密的树林或竹木中常有发现。雷丸大小好像鹌鹑蛋一般，多为歪卵形或歪球形。直径在1~5厘米左右，大的有如山梨，小的好似黄豆；表面呈褐色或者具有细密的纵纹。风干后坚硬如铁，剖开里面呈白色或灰白色，也有橙褐色的。雷丸与茯苓一样也是真菌的菌核。当条件适宜，春暖花开时，有时会从菌核中长出蘑菇来。在药材中，雷丸作为一种特效驱虫（主

雷 丸

要是绦虫)药,十分受欢迎,并且无不良反应,主治小儿疳积、虫积、蛊毒及腹痛等。还可与其他中药配合使用,治疗血吸虫病、囊虫病、挠虫病等。雷丸在我国分布很广,各大药店中均可以买到。

虫 草

一提到"虫草",大家马上会联想到"冬虫夏草"。其实,冬虫夏草只是虫草中的一种,而虫草是一大类寄生在鳞翅目幼虫体上的子囊菌的总称。为什么虫子的头上会长出"草"来呢?原来在土壤中有许多虫草菌的子囊孢子,当鳞翅目的幼虫在土中爬行时,会寻机吸附在幼虫的身体上,逐渐膨大,长出芽管伸入鳞翅目幼虫的体内,一点点侵蚀昆虫身体内的各种组织,直

虫 草

到布满幼虫的整个体腔。这时我们看到的只是一个死了的幼虫，当遇到湿润的条件时，菌丝就从幼虫的尸体中发育出来，形成我们看到的虫草。虫草是一味名贵的常用中药，适用于治疗肺结核、年老体衰及慢性咳嗽、气喘等疾病，并有强壮和收敛镇静之功效。由于虫草特别名贵，不仅国内销路很广，而且国外的需求量也很大，但是由于人们对虫草资源的过度开采，虫草的资源受到极大的损害，今后应该多加保护，不要"涸泽而渔"。

猪 苓

猪苓是担子菌亚门中一种多孔菌的菌核，由于其外形与猪的粪便很相似，故又名"野猪粪"。猪苓多见于柞、桦及山毛榉科等阔叶树的根间土层下，是真菌的菌丝相互缠绕后转化成的一种保护结构，将猪苓的菌核种在地下，辅以适宜的温度和湿润的环境，不久，就在它的上面长出了猪苓的子实体，也就是我们常说的"猪苓花"，味道鲜美，是一种很有价值的食用菌。猪苓菌核的外形极不规则，并有许多凸凹不平的瘤状突起，颜色多为黑色或近黑色，质地坚硬，剖开后，内部近似于白色或淡黄色。猪苓是一味常见的中药，我国山区的劳动人民把猪苓用以治疗肿瘤等疾病。经研究

猪 苓

发现，它的主要药效成分是一种利尿剂，小孩子便秘时可用猪苓粉末和蛋白冲水调服。近年来，我国科研工作者又从猪苓中成功地提取了一种抗癌药物——猪苓多糖，对肺癌、肝癌、胃癌、宫颈癌、肠癌等多种癌症均有不同程度的治疗效果。

香　菇

香菇又名香蕈、冬菇，属伞菌目、白蘑科香菇属。香菇以其气味独特，味道鲜美，营养丰富等特点，逐渐成为佳肴。近年来又发现在香菇中含有多种具有生物活性的常食的一种药用成分，可预防和治疗多种疾病。从香菇中提取出的香菇多糖对癌细胞有一定的抑制作用，是一种重要的保健食品，深受世界各国人民的喜爱。香菇原是一种野生菌，我国勤劳的人民历经800余年将其驯化为人工栽培。在宋朝时就已有专门种香菇的"菇农"了。那时主要方法是"砍花"，就是把树木伐倒后，在上面砍上规则的形状不一的坎，然后利用香菇孢子的自然喷射来接种。这样做的缺点是周期长，生产效率很低，并且还会浪费大量的木材。进入20世纪下半叶

香　菇

后，许多科研工作者对香菇又进行了细致的研究和技术革新，现在的菇农多采用木屑、棉籽壳等材料进行香菇的栽培，缩短了生产周期，又节省了大量的木材资源。目前我国的香菇产量雄居世界榜首，并已出口远销到欧洲各个国家。香菇集营养与保健于一体，是一种理想的食品，今后发展前景十分远大。

草 菇

草菇是我们在市场上常可见到的一种美味的食用菌，从分类学角度看，它属于伞菌目光柄菇科，小苞脚菇属，因为草菇的基部有蛋壳形的菌托包裹着，所以也有人称草菇为苞脚菇。草菇是一种草腐性真菌，由于体内不含叶绿素，不能利用光能进行营养物质的合成，所以只能利用和吸收现成的有机物。野生的草菇大多生长在植物的枯枝烂叶上。我们所说的草菇是指它的子实体，也就是用来食用的部分，在地下生长着草菇的主体——菌丝体，没有菌丝体就没有草菇的子实体，菌丝体为草菇的生长和发育提供营养。我国栽种草菇已有近200年的历史了，据考证，在18世纪初的中国

草 菇

就已开始了,曾作为贡品献给朝廷,此后逐步传到东南亚各国,这些国家和地区至今仍称草菇为"中国蘑菇"。有人对草菇的营养成分做了分析发现,草菇的蛋白质含量是蔬菜的3~6倍,其营养价值介于肉类与蔬菜之间,素有"素中之荤"的美名,其氨基酸、维生素的含量也很高,是一种极佳的健康食品,对防止癌症的发生也有一定的效果。

橙盖鹅膏

橙盖鹅膏属于鹅膏类,因为它们的幼菌体很像白色的鹅蛋而得名鹅膏。这个蛋形的物体展开后,就会形成一伞状的子实体。在伞盖上有橙黄颜色,上面还可能有菌托的残片。伞柄一般是白色的,上部往往留下一个膜状的环柄,在它的基部往往留下包膜的一部分,成为一个杯状的菌托。这一切特征都与民间所流传的毒蘑菇的样子完全一致,但橙盖鹅膏却是一种异常美味可口的可食性真菌。古罗马的恺撒大帝对此真菌曾赞不绝口,因此它的拉丁名就用恺撒大帝的名字来命名。另外,橙盖鹅膏还有一个变种,它的形态与橙盖鹅膏非常相像,但全子实体上下都是白色的,因此叫做白鹅膏,也是一种美味可食的菌类。可以食用的鹅膏很少,除了上面介绍的两

橙盖鹅膏菌

种以外，还有灰托鹅膏、隐花青鹅膏、赭盖鹅膏可以食用。其他的鹅膏类都或多或少有毒，甚至剧毒无比，而且与可食性鹅膏的样子很相近，一旦误食，轻则呕吐，腹泻不止，重则危及生命。因此，在野外采集蘑菇时一定不能乱采乱食，以防中毒。

吃毒蘑菇为什么会中毒

蘑菇有的味美，有的也有毒。毒蘑菇的样子各种各样，种类繁多。并且经研究发现，一种毒蘑菇中经常含有多种毒物。一种毒物又经常存在于许多种蘑菇中，并且一种蘑菇含有毒物的种类和多少，又可因时间、地区而不同。并且不同的人因其饮食习惯、体质不同，以及同别的什么食物一起吃，或吃的前后又吃了什么，生吃或熟吃，水洗或不水洗，这些都会对中毒的症状有影响，甚至有些人怎么吃也不会中毒。这些现象引起了科研工作者的极大兴趣，经对毒蘑菇的毒性成分分析知道：这些有毒成分大多是一些肽类及碱类的衍生物，如被人误食，通常会发生胃肠不适等症状，并伴有恶心、呕吐。此时主要是刺激胃及小肠的黏膜，此后，各种毒蘑菇的变化就较复杂，有的毒素能侵入人的肝脏，破坏肝细胞，有时也破坏肾脏，有的能作用于神经系统，使人神经兴奋，神经错乱，有的能使人产生许多幻觉，甚至会因溶血而危害人的生命。因此，如出现上述症状千万不可轻视，应立即去医院作进一步的检查，尽量减轻毒素对人体的损害。

带毒的蘑菇

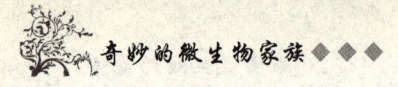

蘑菇中毒的类型及毒理

由于毒蘑菇中含有一些肽及碱类的衍生物，它们被人体吸收后，作用于不同的器官而使人中毒。在临床上按毒素对人体造成的主要损害将中毒的类型分为4大类：①肝损害型。这种中毒主要是因毒伞、白毒伞以及褐鳞小伞等引起的，病死率高达90%，中毒症状多出现在食后6～24小时后，开始先有吐泻，后出现假愈期，此时正是毒素入侵肝脏破坏肝细胞的时候，之后出现肝痛、肝肿、黄疸、出血，重症患者可死于肝昏迷。其主要致病毒物为毒肽和毒伞肽。②神经精神型。这种中毒可使人神经兴奋，神经错乱，神经抑制为主要症状，能刺激副交感神经系统，心跳缓慢和血压降低，丧失时间与距离的概念，有的狂歌乱舞，有的烦躁苦闷，甚至行凶杀人或自杀，但不会留下后遗症。③胃肠炎型。使胃肠机能紊乱，出现剧烈恶心、呕吐、腹痛、也有疲倦、昏厥、说胡话的，一般病程短，恢复快，愈后较好。④溶血型。这种症状以鹿花菌为主，食后在一两天内由于红血球遭大量破坏而引起急性溶血性贫血，重者可因续发尿毒症而死亡。

蘑菇中毒的治疗方法

蘑菇中毒具有一般食物中毒的特点，所以一旦误食后会被误认为是食物中毒。并且伴有剧烈的吐泻，也会被误诊为细菌性痢疾或肠胃炎等其他病症。故在诊断前一定要详细了解发病前后的进食情况，并及时采取各种保护措施，否则到了中毒后期，不但治疗困难，甚至还会有生命危险。确诊后首先要尽快设法排除毒物，常采用催吐、洗胃、导泻或灌肠等方法。其次对于毒蘑菇中毒，应及时用各种药物解毒。如服"通用解毒剂"（2份活性炭，1份氧化镁，1份鞣酸混合溶于水）20克解毒。第三，应根据不同的症状对症治疗。由于剧烈呕吐和腹泻，体内水分大量损失而引起休克，此时应及时补充体液,如有中毒早期症状如剧烈恶心、呕吐者,可注射或服用阿托品。若有神经症状,如抽搐、昏迷或呼吸障碍,可加用脱水剂治疗。如兴奋、狂燥及痉挛等症状,可肌肉注射苯巴比妥钠 0.1~0.2 克。对于溶血型患者,可紧急输新鲜血液,并可加注葡萄糖液,注意防治休克及衰竭。但是各种解毒的方法都只是一种补救措施,掌握一定的菌物学知识才是解决中毒的根本。

墨汁鬼伞

墨汁鬼伞又名柳树蘑、柳树钻,分布于河北、山西、江苏、台湾、四川、青海、甘肃等地。在春秋季的道旁、林中、草地上就可以发现墨汁鬼伞的踪迹。它们是一丛一丛地生长在一起。幼小的时候,墨汁鬼伞是蛋形的,后来逐渐伸展开来呈钟形,菌盖的顶端钝圆,菌盖的表面有近褐色的细小鳞片,而且表面覆盖着一层灰白色的粉,但很快这层粉就消失了。菌盖的周边是灰紫色的,成熟以后变成黑色,边缘常有沟纹或呈花瓣状。墨汁鬼伞的菌褶是互相分离的,生物学上称之为菌褶离生,非常密,最初的时候是

墨汁鬼伞

白色的,后变成黑色,成熟时液化成墨汁,墨汁鬼伞的名字由此而来。它的菌柄是长锤形的,向上渐细。菌环生于菌柄的下部,早落,不易看见。这种蘑菇的味道十分鲜美,可以食用,但对某些人可能有毒性,特别是与

酒类一起吃时，最容易中毒，中毒后可引起精神不安、心血管扩张、心跳加快、耳鸣、虚脱、发冷等症状。不过一般不会引起死亡，大多经过抢救后短时间内就可痊愈。

鹿花菌

鹿花菌的菌盖与我们以前所介绍的各种真菌都不相同，呈一种不规则的球形，开始的时候是红褐色的，后逐渐变成咖啡色至黑褐色。菌盖上有细绒毛，菌盖扭曲成脑状。在春天或秋天，生于地上。这种菌与可以食用的羊肚菌极为相似，所以常被人误食。鹿花菌含有毒素马鞍酸，它能引起人体红细胞的大量破坏，从而引起急性溶血性贫血。一般发病比较慢，潜伏期长达6～12小时或

鹿花菌

更长，病人会突然感到腹痛、头痛、发热、寒战、腰背肢体痛、面色苍白、恶心、呕吐、全身虚弱无力、烦躁不安和呼吸急促。由于红细胞的大量破坏可在短时间内出现黄疸，血红蛋白尿及血红蛋白血症，严重者可能昏迷或抽风，并最终死于休克或衰竭。但马鞍酸这种物质不抗热，60℃和干燥都能破坏掉马鞍酸。因此，煮几分钟后喝汤或干吃都不会中毒。

裂丝盖伞

裂丝盖伞是蘑菇中形态较特殊的一种，它的菌盖不大，大约2～4厘米，近圆锥形或钟形，中央凸起，幼小的时候呈淡乳黄色，上面附着有丝状毛。在菌盖的中部有时有不规则的龟裂，或形成粗糙的鳞片。当裂丝盖

裂丝伞盖

伞逐渐成熟以后，菌盖就会辐射状的开裂，并常常露出菌肉来，裂丝盖伞由此而得名。而且裂丝盖伞的菌褶和菌托也比较特殊；菌褶会随着生长期的不同而改变颜色，初期为淡乳白色，后变青黄、灰白至褐色。菌柄的上部带有白色的点状鳞片，下部因扭曲而常撕裂成纤维状。这种裂丝盖伞见于河北、江苏、青海等地。夏秋季节在柳树附近比较多。裂丝盖伞能产生神经精神型中毒症状。误食后发病时间很短，仅 1~2 小时甚至更短。除了胃肠道的极度不适外，还会出现大量的出汗、发热、发冷、瞳孔放大、视力减弱，甚至失明。但病程短，如能在中毒初期及时催吐，洗胃后服用毒性吸附剂，肌肉注射阿托品等效果较好，大约 5~6 小时后即可痊愈。

毒粉褶菌

毒粉褶菌是一种颜色并不鲜艳的毒蘑菇，它的菌盖污白色，宽 6~20 厘米，最初毒粉褶菌呈扁半球形，长大后逐渐开展，最后接近于平展。菌盖的中部稍稍向上凸起，边缘呈波浪状，经常裂开。毒粉褶菌的菌褶是粉红色的，这与它的名字极为相符，但幼小时菌褶为白色，所以常常会出现误采。毒粉褶菌是一种极毒的毒蘑菇，此菌的毒性是由法国真菌学家凯莱首先证实的。有一次他外出采集标本时，住在他开磨坊的亲属家，吃了这种毒蘑菇后，严重中毒，大吐大泻，幸好吃得不多，又及时采取了措施，方保住了性命。事后他称这种毒蘑菇为"磨坊主的泻药"。这种毒蘑菇不仅毒性强，而且误食后发病较快，约食后半小时就会出现剧烈的恶心、呕吐、上腹痛、腹泻等胃肠炎型中毒症状，以及心跳减慢、呼吸困难、尿中带血等，食用较多者会死亡。用小白鼠做实验，把毒粉褶菌的提取液注射到小白鼠的腹腔，死亡率达60%以上。

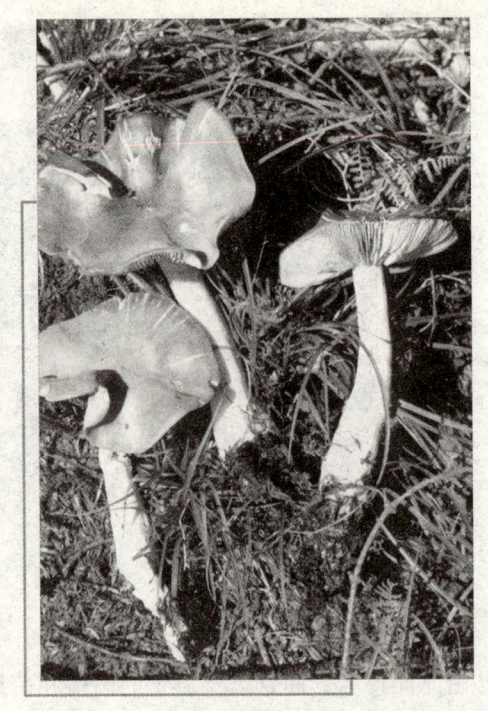

毒粉褶菌

褐鳞小伞

褐鳞小伞的菌体小，菌盖宽仅1～5厘米，是蘑菇中较小的品种，肉质赭黄色带粉红色。最初褐鳞小伞呈凸圆形，熟后扁平，中央稍稍突起，菌盖表面密布着红褐色的小鳞片。有菌环，但是没有菌托。菌柄白色略带粉红色，长1～6厘米，有淡淡的蘑菇香味。春天至秋季生于草地上、竹园内，分布不很广，但这种蘑菇极毒，病死率极高。食后一般发病较慢，潜伏期达15～20小时，有的更长，最初仅是出现强烈的胃肠道不适、恶心、呕吐、腹痛、腹泻等，然后似乎就病愈了，约1天以上不会有明显的症状，易使人产生错觉，以为没事了，其实这时正是"侵略内脏器官期"，导致肝细胞坏死、脂肪变性、黄疸、心肌炎、皮下出血、肝昏迷等。再后来为精神症状期，严重者烦躁不安、昏迷不醒，最后抽搐、休克死亡。由于这种毒蘑菇中的毒素侵害肝脏，因此死亡率十分高，而且有一个"假愈期"，易使人产生错觉，因此发现中毒者，一定要立即采取措施进行抢救，不要被表面现象所蒙骗。

褐鳞小伞

毒红菇

毒红菇

毒红菇主要出现在夏、秋的雨季，几场雨过后，在阔叶林地的边缘以及丘陵草地上就会看到毒红菇。毒红菇的子实体是肉质的，一个或几个生长在一起，最初毒红菇的伞盖是半球形的，随着毒红菇的逐渐变大而平展呈圆盘状。伞盖的中央略向下凹，直径大约4~10厘米，伞盖的表面是鲜红色的，边缘的颜色较浅。如果在淋雨后，毒红菇的颜色还会变浅，呈粉红色，一般是珊瑚色，这时其外形特征与可食的红菇就极为相似，易被人们误采、误食。但也并不是区分不开的，毒红菇的菌盖边缘有条纹,味道很辛辣,凭这两点可与红菇区分开来。毒红菇是一种分布比较广泛的毒菌,在河北、吉林、江苏、安徽、福建、四川、云南等地均发现过。误食毒红菇后主要引起胃肠类型中毒症状。一般会很快出现中毒症状,发生强烈的恶心、呕吐、腹泻、腹痛,严重者还出现面部肌肉抽搐、心跳加快、体温上升或下降,但一般不会死亡。经及时催吐,对症治疗,即能很快痊愈,是一种毒性较弱的毒蘑菇。

白毒伞

白毒伞

白毒伞在云南又称为白罗伞,属于鹅膏类,幼时呈鸡蛋状或钟状,长大以后平展开来,全体纯白色,菌盖宽7～12厘米。分布河北、吉林、江苏、安徽、江西、广西、河南、四川等地,6～9月在杂木林中地上可以找到,是一种分布广、毒性极强的毒蘑菇。如果误食后,最初只有胃肠道感觉不适,如恶心、呕吐、腹痛、腹泻和便血等。但不久症状会消失,一两天内无明显症状,称为"假愈期",使人以为不会有什么事了。此期过后,患者的病情会迅速地恶化,表现为呼吸困难、烦燥不安、嗜睡、肌肉抽搐等。白毒伞中所含的毒伞肽和毒肽会严重地损害患者的肝、肾、心、肺、大脑中枢神经系统等,会使患者出现极度不安,继之昏迷,病死率极高,切不可忽视,要及时抢救治疗。对于和病人一同食用毒蘑菇而尚未发病的人,也必须进行肝功能检查,并采取相应的预防措施。这种毒蘑菇与可以食用的橙盖鹅膏的变种——白鹅膏极为相似,但后者菌盖的边缘有条棱，菌托大而呈苞状，以此来与白毒伞进行区别。千万不要误采误食，以防中毒。

臭黄菇

臭黄菇又名臭黄红菇，之所以给它起了这样一个奇怪的名字，是因为从分类学角度来看，它属于红菇科，但是臭黄菇的子实体的伞盖呈土黄色或土褐色，而且子实体老熟以后会发出腐臭味，综合以上三个特点，科学家们给它起了个臭黄红菇的名字。臭黄菇小的时候菌盖呈半球形，伸展后呈扁平盘状，中间略下凹，直径8～15厘米，菌盖中央的颜色要比四周的颜色深。在幼小湿润时菌盖黏，菌盖的边缘向下弯曲，长大后展开，成熟后的菌盖表面有一层发亮的黏液。如果把臭黄菇碰伤后，受伤的部位颜色会变暗，这是鉴别臭黄菇的一个重要特征。这种蘑菇有毒，味道苦而辣，误食后在半小时左右就会发病，如剧烈恶心、呕吐、腹痛、腹泻等。有的还出现神经错乱、头晕眼花、乱说乱唱，严重者有面部抽搐、牙关紧闭、昏睡等症状出现。但一般病程较短，如经及时抢救治疗，一二日内即可痊愈，死亡者很少。这种蘑菇的分布极为广泛，4～9月在松林及杂木林中地下丛

臭黄菇

生，采集时要注意识别。

蛤蟆菌

蛤蟆菌在真菌学上的学名称为"蟾斑红毒伞"，它的菌盖鲜红色，并有白色至淡黄色的鳞片，与蛤蟆身上的斑纹很相似，所以又把它称作"蛤蟆菌"。在产地人们常将其与稀饭和白糖拌在一起来毒杀苍蝇，一枚蛤蟆菌可毒死数百只苍蝇，所以也有人称它为"毒蝇菌"。

蛤蟆菌

毒蝇菌幼时菌盖近球形，后变为半球形，最后平展。表面黏，菌盖的颜色鲜艳，多呈红色至橘红色，上面有白色或淡黄色的鳞片，有呈同心环状的菌托，包于菌柄的基部。菌环生于菌柄之上部，大而厚，易脱落。蛤蟆菌是一种较常见的有毒真菌，已知其含有胆碱、毒蝇碱、蕈颠茄碱等，误食中毒病人最初表现沉醉状，一二小时后便开始呕吐和腹泻，同时发生头痛、耳鸣、出冷汗，很快便转成类似发酒疯状。儿童误食后的主要症状是昏昏欲睡，几小时后苏醒过来便觉得好了，两三天后完全康复，死亡很少。蛤蟆菌分布很广,且外形与可食的橙盖伞相似,故一定要区分后再采,防止中毒。

皮肤丝状菌

丝状菌对于大家来说是一个陌生的名字,然而要说到人体的皮肤病,大概谁都能说出两三个来。如果这些皮肤病是真菌引起的话,那么或多或少都与皮肤丝状菌有些关联。虽然与细菌和病毒引起的疾病相比,真菌性的皮肤病对人的危害不是很大,但它对人的"形象"影响却不容忽视。经研究确认,真菌性的皮肤病多是由发癣菌属、表皮癣菌属及小孢霉属等皮肤丝状菌的寄生而引起的。它们侵入人体的皮肤,引起浅表性的感染,像常见的头癣、脚癣、体癣……还可侵入指(趾)甲中,引起甲癣;小孢霉及发癣菌又能侵染头发及毛发,引起头癣、黄癣及发癣。并且皮肤丝状菌除使人及动物感染外,还可以在人与人、人与动物之间互相传染。只要皮肤稍有伤破,潮湿或多汗就易被皮肤丝状菌侵蚀,大约 1 星期后就显出丘疹、水疱或脓疱,并四处蔓延,对皮肤造成损害。为了预防该病,要讲究卫生,尽量避免与患者或患病的动物接触。发现染病后,一定要及时治疗,防止再继续加重。

足癣菌

足癣俗称"脚气""香港脚",是一种由足癣菌引起的传染性的皮肤病。由于这种真菌多生长在潮湿、温暖的地方,所以大多在像公共浴室的公用拖鞋、浴盆中、游泳池的池底、跳板上生长繁殖。如果不慎染上了足癣,脚趾间往往奇痒无比,有的还伴随着溃烂,全身持续低热,

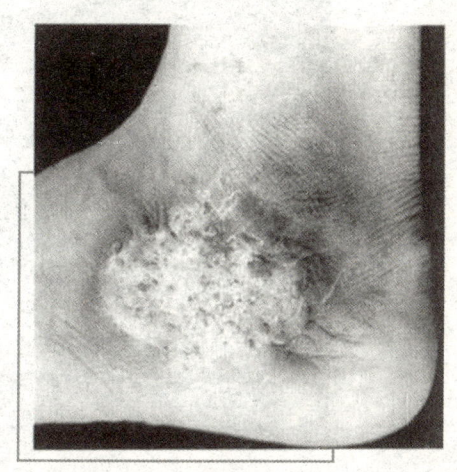

足癣菌

如不小心又被其他病菌所污染，又会增添红肿、发炎等症状。有的病人在大腿上还会起一条红线，或在大腿根起一个疙瘩。这实际上是淋巴结发炎的结果。生了足癣后，一定要注意患处的卫生，不要用手去抓"脚气"的奇痒部位，如用手抓过后，再去抓身体的其他部位，就易使足癣菌感染其他部位引起像趾甲癣、手癣、头癣等各种癣病。由此可见足癣菌的危害极大，一定要提高卫生意识，注意个人卫生，避免与患者接触。对于脚癣病人的毛巾、鞋子、袜子都要经常消毒。保持皮肤干燥，对于预防脚癣具有重要意义。

木 耳

木耳是大家所熟悉的一种常见的食用菌。我们通常所说的木耳实际上是指木耳的子实体，称为担子果。是木耳用来进行有性繁殖的"器官"。在我国木耳的野生资源很丰富，在林间的倒木枯树上常可以见到。它们的担子果呈透明至半透明的胶质，有耳状、杯状和折叠的叶状之分。富含胶质和菌物蛋白，具有一定的营养价值。木耳的人工栽培历史也很悠久，在我

野生木耳

国广大的山林地带都有木耳的栽培。从前的栽培手段比较原始，只是在伐倒的树木上经过一定的清理后，用斧头砍上许多等间距的裂隙，利用木耳孢子散发的特性来自然接种，这种方法生产效率低，费工费时，对资源的浪费极大。现在，经科技工作者的努力，已开始利用各种代料（如木屑，玉米芯）来人工栽培木耳。在人工模拟的自然环境下，木耳的生长极其旺盛，生产效率大幅度提高，对资源的有效利用率也直线上升，是解决我国林木短缺的一种手段。有报道说：木耳具有润肠、去毒之功效，而且对癌细胞还有一定的抑制作用，经常食用，对人体健康有一定的益处。

盘 菌

盘菌又名泡形盘菌，俗称粪碗，日本称之为茶茸，属于子囊菌亚门盘菌属的一味美味的食用菌。它们大多生长在空旷的肥沃土壤、粪堆、灰泥、腐烂的木头及植物碎片之表面。有单个的也有一群长在一起的。盘菌的外形类似于盘子或杯子，有的还有很短的柄。它们的肉质看起来很像新鲜的木耳，但一般都含有或多或少的一些毒素，所以不能生食。在经过煮熟后，其中的毒素就被分解了，这时就可以食用了。盘菌的直径大约只有5厘米，

盘 菌

故经济价值不大。可盘菌有着一套奇妙的"弹射"装置,当盘菌的子实体接近成熟时,只要稍有振动,甚至只是轻风的微拂就能使盘菌突然喷出大量的孢子并发出嘶嘶的响声。原来这是盘菌进行生命延续的手段:由于盘菌类的子实体充满了水分,当子囊孢子成熟后,就利用饱满的子囊胀破而散发出去,散发距离可达 4 厘米,它们可轻易地在气流中扩散,只要落到合适的环境中,就会立即萌发,形成一个新的盘菌。

珊瑚菌

食用菌并不都是像一把栽在地上的雨伞,也有一些形状极其特殊的,珊瑚菌就是其中的一种。它的形状就像它的名字一样像水中的珊瑚,具有许多分支,层层叠叠,似一束陆上的仙草。珊瑚菌也被称作枝瑚菌,云南、贵州和四川一带则称作扫帚菌。珊瑚菌是一类枝状真菌的总称,它包含许多种不同

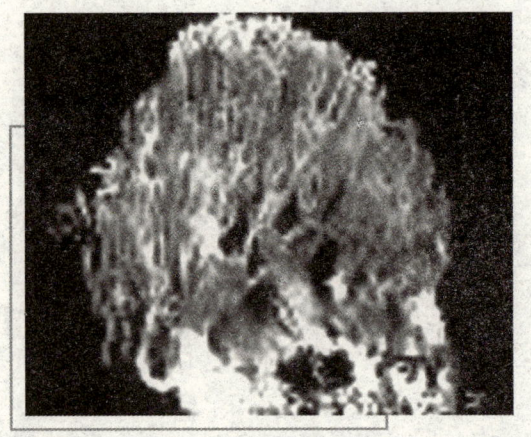

珊瑚菌

的真菌,它们形状、分支各不相同,颜色、大小也有很大的差异。例如:粉色珊瑚菌的担子果很大,可达十余厘米,分支也多,呈浅肉色至肉色,在近柄处为白色,质地脆;而红顶珊瑚菌的分支较小,高度也不如粉色珊瑚菌的,分支的顶端略呈红色。不仅如此,珊瑚菌的有些种类还含有一些水溶性的毒素,所以有人说珊瑚菌是一种美味佳肴,有人说它是有毒的,不过这些毒素的热稳定性很差,所以只要在食用前充分煮过或煮沸后换去汤水后再食用就没关系了。现在国内外对于珊瑚菌的人工栽培很感兴趣,据报道,其营养价值很高,对一些疾病有一定的疗效,其作用机制还有待研究。

竹 黄

"竹黄"并不是黄色的竹子,它是一种生在南方的食用菌,而且虽然它的名字叫"竹黄",可它的颜色却是粉红色的。竹黄多生长在南方竹林区的潮湿地区,在北方还很少见。我国广大的劳动人民很早就注意到了这种真菌,早在李时珍的《本草纲目》中就对其进行了描述,在《酉阳杂俎》中记载:"江淮有竹肉,大如弹丸,味如白树鸡。"证明当时就已开始有人食用了。在1931年,在我国首次发现了这种真菌,经多方查证,发现这是一个新种,正式定名为 Hara 氏竹鞘多腔菌,属于子囊菌中的竹鞘多腔菌。它的子囊座是黑色的菌丝构成的,密集地生长在刚竹、淡竹和观音竹等小枝节上的叶鞘基部。它的子囊座也很特殊,不像其他子囊菌那样生成许多埋藏的瓶状子囊壳,而是许多无壳的球形,或椭圆形的空腔。子囊就长在里面,成熟时呈黄色,竹黄名称就是因为其孢子呈黄色而得来的。

竹 黄

美味牛肝菌

在食用菌的市场上,我们常可以见到美味牛肝菌的身影。美味牛肝菌大量分布于我国西南的山林地中,在日本及朝鲜半岛也有分布。因它们中的最普通且味道鲜美的一种有一个像牛肝那样的颜色和形状的菌盖,从地

牛肝菌

上俯视,就像一块块平铺在地面的牛肝,由此而得名"美味牛肝菌"。牛肝菌的子实体颜色、形状、大小均差异很大,就颜色而言,有牛肝色的、黄色的、红色的、紫色的……菌盖也各不相同,有些种类的菌盖是光滑的,有的有鳞片或绒毛,还有的在菌盖上分泌有黏稠物。虽然美味牛肝菌的名字中有"美味"二字,但并不是所有的种类均可以食用,例如有一种牛肝菌称为撒旦牛肝菌,其体型与美味牛肝菌很相似,只是在菌盖初时有微细的绒毛,呈污白色或浅褐色,肉质稍比美味牛肝菌硬些,这种牛肝菌是世界著名的毒菌之一,把它命名为"撒旦",其意就是恶魔。如不小心误食,就会使口舌和喉头感觉麻辣,胃部极端不适,且出现头昏、呕吐和痉挛现象,严重的会吐血。因此对于那些没弄清它们毒性的牛肝菌,还是不吃为妙。

口 蘑

市场卖的口蘑往往大小、形状均不一样,而名称却都是一个"口蘑"。这是怎么回事?原来在内蒙古草原上,各种蘑菇资源极其丰富,牧民们从草原上采集了蘑菇,经分类加工后,运到张家口卖给专门收购的菇行,再

口 蘑

从这里分发到全国各地或出口。因为是从张家口转运出来的,所以不论是哪一种均统称为"口蘑"。由此可见,口蘑是张家口以北地区出产的蘑菇的总称。在口蘑中有一种叫香杏丽菇的食用真菌,为口蘑中之上品,价值比其他口蘑高。香杏丽菇与草原上的牧草形成一种共生菌根关系,两者互惠互利,互通有无,共同生长。一旦遇到比较冷凉而又润湿的气候,一夜之间,草原上就会长出许多蘑菇来,香杏丽菇的子实体有一个半球形的菌盖,光滑无鳞片,呈蛋壳色或柿黄色,有一粗壮而基部略膨大的菌柄,美味可口,是一道不可多得的美味。

小煤炱菌

在热带和亚热带地区我们常可以看到,在许多树木的叶片上好像积聚了一层煤灰一样灰蒙蒙的。但奇怪的是,四周的环境保护得很好,并没有冒出浓浓黑烟的烟囱。而且同一处的树木,也是有的有"煤灰",有的没有。原来,这些"煤灰"并不是真正的煤的粉尘造成的,它们是由于一种真菌——小煤炱菌的寄生所造成的。小煤炱菌的菌丝是暗褐色或黑色的，有许多分隔和很厚的细胞壁。在菌丝的分支上长出两种附着枝，一种无特殊结构，主要起附着的作用，另一种附着枝顶端稍膨大形，如小槌状用来吸附和吸取植物的营养。在黑色菌丝的上面，有许多扁球形的小颗粒，那是小煤炱菌孩子们的"家"，一旦扁球形的小颗粒破裂，小煤炱菌的孩子们就随风四处漂游，寻找新的植物来寄生。小煤炱菌是一种农业上的有害菌，尤其对于一些观叶植物，染上了小煤炱菌非但不雅观，而且还会降低叶片的光合作用，影响植物的营养。

杏疗座菌

在我国栽种杏树的地方，经常会发现有些杏树的叶片出现橘黄色的圆形斑，然后在圆形斑中出现一些深色或黑色的小点。并且这样的叶片逐渐变得肥厚起来，往往挂在树枝上不脱落，这就是杏疗病，引起这种植物病害的真菌就是杏疗座菌。杏疗座菌属于子囊菌亚门，它的有性生殖形成瓶状的子囊壳，埋在叶片中，那些叶片上的小黑点就是这些子囊壳的开口。在第二年的春天，子囊壳中的子囊孢子才散发到空中，它们落在附近的杏树上，长出芽管并逐步侵入表皮下面，危害第二年的杏树。而且这种真菌主要为害杏树的新梢、叶片和果实，使杏树的光合作用面积减少，生长受到极大的损害，果实的数量和品质均遭到很大的影响。对于杏疗病的防治，消除污染源是一个颇有成效的措施。由于杏疗病只有初感染而无再感染，挂在树上越冬的病叶是主要的越冬菌源，应结合生长期和秋冬剪枝，剪除病枝病叶，集中后深埋或烧毁，并配合叶面喷施 1～2 次 1∶5∶200 的波尔多液，坚持 3 年即可完全控制该病的发生和危害。

腐皮壳菌

红红的苹果每个人都喜欢吃，然而栽种苹果树却不像吃苹果那么容易，不仅要勤浇水、施肥，而且还要与许多种看不见的"植物敌人"作斗争。腐皮壳菌就是一个非常狡猾的敌人。它偷偷地潜伏在苹果树的树皮底下不被人们所察觉，一旦气候湿润，气温较高时，就从树皮中露出头来，放出淡黄色的牙膏状物，我们把这叫做孢子角，它是腐皮壳菌释放出来的繁殖孢子，称为壳分生孢子。这些孢子以各种传播方式散布到其他的果树上，生"根"发"芽"。腐皮壳菌是一种真菌，它能引起一种毁灭性的病害——苹果树腐烂病。果树一旦染上，重者树干上病斑累累，枝干残缺不全，甚至整株枯死，轻者也使当年的苹果产量受到极大的影响。所以对于腐皮壳菌应以防为主，防治结合。①应加强栽培管理，提高树体的抗病力；②要搞好果园的卫生，及时处理园内的枯死树，病枝干，杜绝交叉感染；③发现病症，马上治疗切勿使其蔓延。

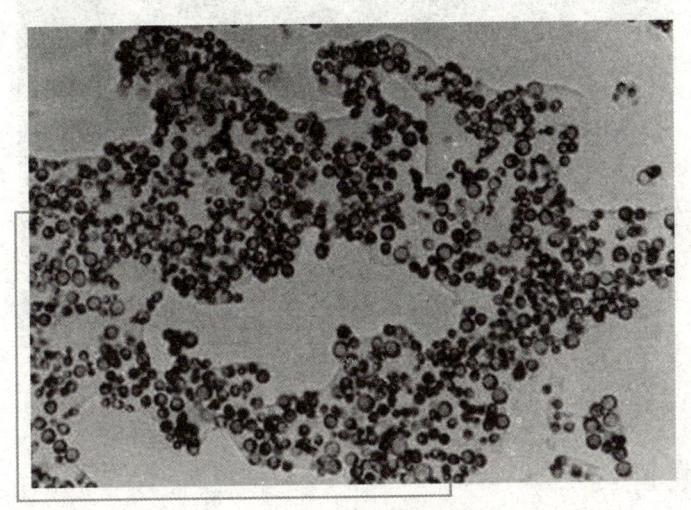

孢子菌

块 菌

在一片茂密的树林中，有一些人赶着一头猪在来回走动。而且猪走人走，猪停人停，真是令人费解。一问才知道，原来他们在找一种珍贵的食用菌——块菌。因为这种块菌具有一种特殊的香味，动物的嗅觉灵敏，所以就想到用猪来搜寻它了。块菌在日本被称作松露菌，在我国一般称为土菇。因为它全部或大半埋在林下的土壤中，所以被一般的采集者所忽视。

块菌的外形如同马铃薯的块茎，内部有许多弯弯曲曲的沟隙，在上面生长着它的繁殖体子囊孢子。因为它的外壳异常坚硬，子囊孢子无法散发出去，所以它就靠它的香味吸引动物来采食，借以传播它的孢子。这种食用菌的分布很广，世界各地都可以见到它们，因为它的味道和香气非常招人喜爱，所以现在的售价很高。人工培养菌丝体已获得了成功，半人工培养也已获得了进展。很快，这种美味的食用菌就会在餐桌上与人们见面了。

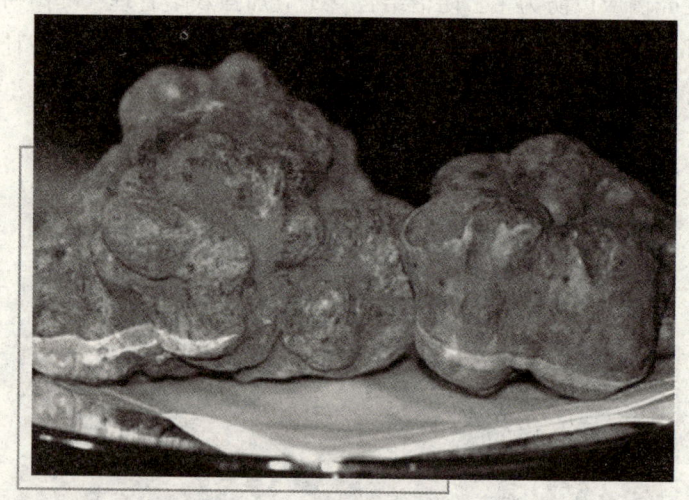

松露菌

子囊菌

子囊菌，顾名思义，是一类能产生子囊和子囊孢子的微生物。现在已知的子囊菌有四万五千多种，并且每天都可能会有新的子囊菌被发现。那么什么是子囊呢？子囊是子囊菌用来进行繁殖的"器官"，在那里面有子囊菌的"小宝宝"子囊孢子们，子囊就像一个温暖、安全的育儿袋一样，保护着子囊的孢子不受外界环境的影响，健康地发育着。子囊的形状多种多样，有像盘子一样的，有像瓶子一样的，还有像足球一样是完全封闭的，只有在里面的子囊孢子宝宝们全部成熟它才"叭"的一声裂开。这是子囊菌的独特生殖方式。并且子囊菌像其他微生物一样，有着神奇的"分身术",不论你取子囊菌的哪一部分,只要还有一个完整的细胞存在,它就能再次长成一个完整的子囊菌来。子囊菌都不能自己合成营养物质,所以它们都需要从其他的动物或植物体内吸取养料。绝大多数寄生在高等植物上,是主要的植物病害,但也有对人类有益的,如酵母菌发酵制成各种可口的食品,青霉制造青霉素解救病人的生命等等。

根 霉

根霉属于无鞭毛菌亚纲毛霉目,单独为根霉立了一个属称为根霉属。根霉的分布极为普遍,可以说有人的地方就有根霉。只要你将一块馒头、面包等淀粉质的食品放在潮湿的环境中,不出十天,你就能够见到根霉的样子了。根霉中最常见的是黑根霉,又称为面包霉。

根霉着生于淀粉质的食品上,致使食品腐烂变质,也常侵害甘薯块根的尖端,致使甘薯患软腐病。甘薯的病部暗褐色,逐渐变软,从伤口处流出黄色的汁液,并带有酒精的气味;在软化的部位上生出白毛,即病菌的

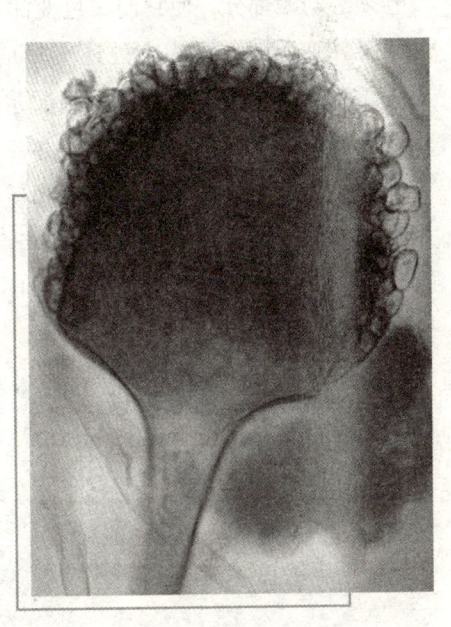

根 霉

菌丝体,其上布满小黑点,即病菌的孢子囊。在根霉的菌丝体上生长出大量的假根,伸进基质内吸取营养,因此科学家们把这种真菌称为根霉。根霉的假根是一个重要的鉴别特征。根霉是一种工业上应用广泛的真菌,如利用黑根霉作用于豆甾醇、麦角醇或甾酮等物质,可制造醋酸、可的松,用于治疗阿迪森病、胶原性疫病和支气管哮喘。

霜　霉

法国葡萄酒驰名全球，然而在 19 世纪，一种小小的真菌差点毁灭了全法国的葡萄，它就是霜霉。霜霉是一种主要危害叶片的真菌，叶片受害之初呈半透明水浸状小斑，以后扩展成黄色或褐色多角形大斑，边缘不清晰。发病后期病斑干枯，叶片早落。霜霉也危害新梢、叶柄、花、果实、果梗及卷须等幼嫩部分，使它们颜色变深褐色，变硬下陷，生有霉层皱缩脱落。如果天气潮湿时，受病害处还会形成一层霜状的霉层，霜霉因此而得名。对于霜霉病的防治现在普遍采用波尔多液进行叶片喷施。这种波尔多液是由法国波尔多的一位教授米雅德在一次偶然中发现的。原来他为了防止路人和孩子偷吃葡萄，就用石灰水和硫酸铜配制了一种淡蓝色的混合液，把它喷在葡萄的叶片和果实上，并声称这是有毒的。结果意外地发现，这种混合液可大大减轻霜霉病的危害。其后许多科学家对这个溶液的配方进行了改进和实验。

由于波尔多液具有低毒，作用效果好等特点，至今仍被普遍应用葡萄园的霜霉病防治。

大豆叶上的霜霉菌

茶叶树上发生的"茶饼"

这里所说的茶饼可并不是用茶叶压成的茶饼,而是在我国东南、西南的产茶地区茶树上常常发生的一种病害。有些地方也把这种病称作疱状叶枯病。这种病害是由一种称作外担菌的担子菌寄生所致。"茶饼"主要发生在茶树的嫩叶和新的树梢上,一般情况下老叶和老枝不发生。受到侵害的初期,在新叶的边缘和叶尖先出现淡黄色的水渍状小斑点,以后小斑点逐渐扩大成为黄褐色的圆斑,此时在叶片正面的病斑向叶的背面凹陷,而叶的背面则逐渐突出,形成一个疱状物,在疱状物的表面布满白色或粉红色的粉末。疱状物塌陷后,形状很像一块糕饼,因此把这种茶树的病害称为"茶饼"。我们看到的"茶饼"表面的那层粉末状物,是外担菌的子实层或子层,其上排列着大小细棍棒状的担子,顶端着生着担孢子,是外担菌的繁殖器官。外担菌的侵害可使茶树的嫩枝和嫩叶枯死,严重影响茶叶的产量,是一种有害的真菌,一经发现要快速采取措施防止病害的蔓延。

真菌对食品的损害

在第二次世界大战时期,在温暖潮湿的战场,美军大批的战备物资,都被真菌腐蚀霉变而不能使用,造成了巨大的损失,由此引起人们对真菌破坏性的重视。其实,真菌对各种物品的损坏由来已久。据美国在 1944 年的估计,由于绿霉的危害,每年输入英国的柑橘中有 2%~3% 成箱成批地损害,许多水果和蔬菜在运输和贮藏过程中,由于真菌的侵害,通常要损失 20%

霉变的粮食

~30%之多。对于真菌的侵害，数千年来，人类对粮食的贮藏积累了不少的经验：①加热的方法。微生物加热后，由于其体内的蛋白质受热失去活性而死亡。②冷冻的方法。冷冻可防止大多数微生物的繁殖，并减缓甚至抑制微生物的生长。③干燥的方法。这种方法应用得最广，也最普遍，利用日晒、干燥器、冰冻或烟熏等方法降低食品中水分的含量，使微生物不易繁殖。④使用化学剂进行保藏。所用的化学剂多数已使用了很多年，比较安全可靠，是一种古老的方法。真菌对食品的损害极大，科学家们通过对它们生活习性的了解，逐渐掌握了对付它们的方法，将损失减到了最低程度。

真菌对木材、木器及油漆的损害

古时候，形容一个人不学无术，又不肯上进，常称之为"朽木不可雕也"，这里的"朽木"其实就是被真菌侵蚀后形成的。由于木材中的木质纤维被真菌的纤维素酶分解掉了，所以木材异常的脆而易碎。可以说所有的木材或木制品都可被真菌侵袭而腐烂。全球每年因真菌侵袭而损失的木制品大约值几十亿美元。不论是船壳、矿井的坑木、木质家具、电线杆、铁路枕木、地板等设施的木质部分均应定时更换，特别在气候温暖湿润的地方，这种现象更为严重。几十年来，人们为了减轻真菌的危害，采取了各种措施，如将电线杆埋在地下的部分烧焦或用沥青涂抹，把铁路的枕木采用高压处理将防腐剂压入木材的内部防腐，然而收效甚微，甚至于人们用来防止真菌侵害的油漆，也成了真菌的美食。为防止真菌的危害，人们现在在油漆中添加了杀菌剂来防止真菌，并尽量用金属和水泥来代替木材以减小真菌的危害。

真菌对纺织品的损害

久置不用的衣物一旦受潮，上面就会长出一片片毛绒绒的东西，这些就是真菌。每年由于真菌的污染给人类造成的损失很大。真菌对纺织品的污染大体可分为两类，即"发霉"与"腐烂"。发霉是指真菌附着在纺织品的表面生长，并不真正侵入纺织品的纤维中并破坏纤维，只是使纺织品失去某些用途或者改变纺织品的颜色。而"腐烂"就不同了，真菌直接以纺织品的纤维为食物，把纤维全部分解"吃掉"。遭受破坏最严重的应属于棉纤维。棉纤维的主要成分是纤维素，并不是富有营养的"食物"，但有些真菌特别喜欢"吃"它。在热带，由于空气潮湿，棉纤维一般在两个星期内就会被真菌完全"吃"光。容易吸水和保水的麻绳也是真菌的美食，放在潮湿地上的麻制品，只需6~7天就会被腐蚀出洞来。为了减少真菌对纺织品的危害，人们自二战后开始了大规模的研究，并研制出一系列的防霉剂，大大增加了纺织产品的使用寿命。其次，保持环境的干燥，勤晒衣物也是防止真菌侵害纺织品的好办法。

真菌对皮革的损害

随着人们生活水平的提高，皮革制品如皮鞋、皮衣、皮沙发都陆续进入每一个家庭，如何保养它们是每个家庭面临的问题。由于皮革制品容易吸水并且会牢固地保持水分，所以它是真菌天然的"避护所"。同时，皮革制品又是许多真菌的"美味佳肴"，真菌腐蚀它们的速度有时比人们穿破用破还要快。把皮革制品放在空气潮湿而又不太冷的地方，真菌就会逐渐把它们"吃掉"，而且"吃掉"是在皮革内部进行的，所以许多皮革虽然表面上仍然光亮如新，其实它里面很可能生长着一部分真菌。只有在高温高湿的条件下较长时间地持续时，真菌才会逐渐由皮革制品的中部向表面蔓延。如在南方的梅雨季节经常可以看见长在皮鞋、皮箱上成堆成堆的青霉。防止真菌腐蚀皮革的最好方法，是在制革过程中加入防霉剂，如三氧化二铬、硝基苯酚等，并注意防潮，勤打扫，可在一定程度上缓解真菌对皮革的侵蚀。

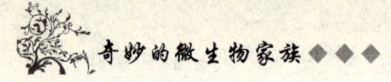

无所不吃的真菌

在前面的介绍中,我们已经了解了真菌对食品、木材、木器、油漆、纺织品和皮革的侵害,其实真菌的破坏还远不止这些,真菌的胃口实在是太大了。要说真菌生长在水果、面粉蛋类等营养丰富的物质上还很容易理解,可真菌这东西实在是无孔不入,无所不吃,甚至连玻璃都"吃"。真菌在玻璃上生长,形成网状的花纹,使玻璃的透光性受到干扰,这在一般的家居用的玻璃上危害还不算大,然而在一些贵重的光学仪器上麻烦可就大了,这会使影像模糊不清,影响效果,甚至使镜片被腐蚀得完全无法使用而报废。真菌还可以腐蚀各种电工器材,对于各种电线、电缆、无线电器材及其他工业器材,真菌不仅能使纤维外套分解,而且还能"袭击"橡胶制品,造成电气设备发生漏电、燃烧等事故。为了对抗真菌的"大胃口",人们不得不在制作各种产品时均加入抗霉剂,并随时保持一个干燥、低粉尘的环境。人类与真菌的对抗还将继续下去。

病毒的身世

1892年,俄国彼得堡大学一个叫伊万诺夫斯基的学者,他用生病的烟草花叶液通过细菌滤器,发现经过过滤的汁液,仍可传染烟草花叶病。于是他知道,能传染烟草花叶病的是一种比细菌还小得多的病原微生物,因为这种病原微生物能通过细菌过滤器,所以他给病原物定名为"滤过性病毒"。但是,后来经电子显微镜里观察、研究发现,在细菌过滤器中也有些病毒通不过,因而这顶"滤过性"的帽子就不太合适了,科学家一致认为应予摘掉,于是,就干脆叫"病毒"了。经过科学家们许多年的研究发现,病毒是一类最微小的(超显微观的、可滤过的),非细胞结构的(蛋白质包裹的核酸颗粒),只含有一种类型的核酸(DNA或RNA)作为基因组,仅能在合适的活细胞中依靠宿主细胞的养料和能量才能进行繁殖的超级寄生物。病毒家族现在已被人发现的有1000种左右,其实远远不止这些,人们还在不断的新病毒发现之中。

病毒的大小

众所周知,病毒是一类非常小的微生物,但它究竟有多大呢?科学家研究发现,病毒的大小用纳米(nm)来计算(1纳米=10^{-9}米)。各种病毒的大小差异很大,但大多数介于15~300纳米之间。牛痘病毒是最大的病毒,约为750万纳米,可用普通光学显微镜观察到,比最小的细菌要大。小的病毒如口蹄疫病毒直径约为21纳米,乙型脑炎病毒为18纳米,烟草坏死病毒为16纳米,其大小与某些蛋白质(如血蓝蛋白)分子的大小接近。也有少数病毒显得特别长,如甜菜黄化病毒长1250纳米,宽10纳米。铜绿色极毛杆菌噬菌体呈丝状,长1300纳米,宽6纳米。实际上多数病毒的身体较小,可以非常容易地通过细菌所不能通过的过滤器;一般的高倍显微镜是看不见的,非得使用更高级的法宝——电子显微镜才能看见。因此,病毒还被起了一些小名和别名:如滤过性病毒、滤过体、微子、超微生物、微微生物和超显微镜微子等等。

病毒的形态

病毒的体积虽小,但其形态却多种多样。从现知的1000多种病毒看来,其形态一共可分为以下6类。

球状体:绝大多数人类病毒和脊椎动物病毒为球状体,如疱疹病毒属,腺病毒属,乳头瘤病毒属等。也有一部分植物病毒是球状体,如黄瓜黄叶病毒和玉米白叶病毒等。

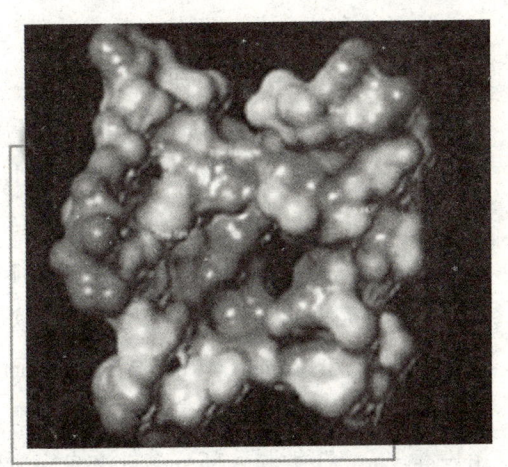

病毒的形态

杆状体：这类病毒在脊椎动物病毒中比较少见，多见于植物病毒和昆虫病毒。此类病毒体细直，长形，具整齐的平行边，两端不圆，如烟草花叶病毒，小麦土传花叶病毒和波纹杂毛虫核型多角体病毒都是典型的杆状病毒。

丝状体：此类病毒形态呈细丝状，可弯曲，两端圆形，如马铃薯病毒、玉米矮花叶病毒、大肠杆菌的噬菌体 fd 和 f1 等。

砖状体：此病毒体外形似砖或宛如"菠萝状"或呈卵圆形，如天花病毒，牛痘菌病毒等。

弹状体：此病毒体形呈子弹状，常见子弹状病毒属，如水泡性口腔炎病毒和狂犬病毒。

蝌蚪状体：此类病毒体呈蝌蚪状，由头部和尾部构成，如大肠杆菌噬菌体 T2、T4 和 T6 等。

病毒形态的千姿百态，为病毒分类奠定了基础，也为人们更充分地认识病毒提供了依据。

病毒的结构

病毒的个体称为病毒体，其身体结构远比细菌简单，它没有细胞壁，整个身体由衣壳和核酸两部分构成。衣壳即病毒的蛋白质外壳，具有保护病毒核酸和与易感细胞表面受体结合的功能。衣壳由称为衣壳粒的亚单位组成。衣壳粒是电子显微镜下可见的最小形态学单位，由一种或几种短肽构成。病毒的核酸包含着病毒的全部遗传信息，主导病毒的生命活动，决定病毒的遗传和致病性。核酸位于病毒体的髓部，故核酸又称核髓。核髓和蛋白质外壳多称核衣壳，结构简单的病毒粒子的全部结构就是一个核衣壳。结构复杂的病毒粒子在其核衣壳外面还有一层膜，被称为被膜或囊膜。被膜是一层较为宽松的双层膜，由蛋白质、多糖和脂类构成。蛋白质主要由病毒合成，脂类和一部分多糖来自宿主细胞膜、核膜或空泡膜。有些病毒的被膜上长有纤细的呈放射状突起物，称为刺突。流感病毒的被膜上就

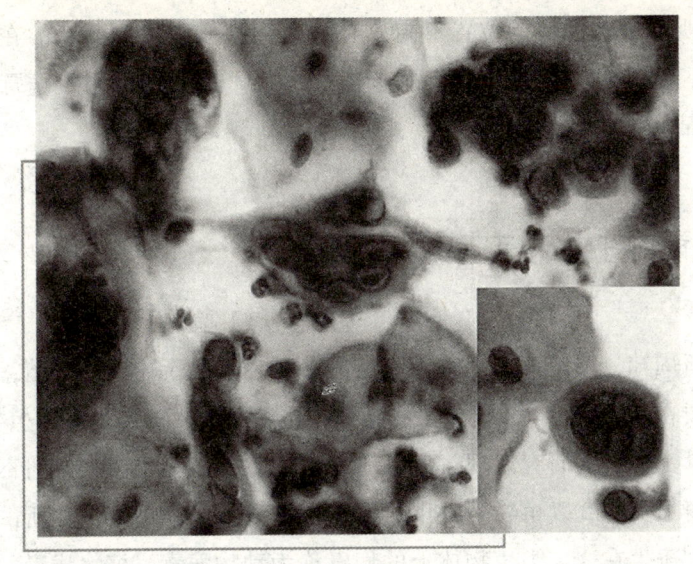

疱疹病毒

有刺突。各式各样的病毒,其基本结构都是由以上几部分构成,但在微小方面还不尽相同。

包涵体

病毒的种类繁多,侵入宿主细胞后对细胞的作用也不相同,大体有3种情况。①由杀细胞病毒引起感染细胞的破坏或死亡;②由非杀细胞病毒引起稳定感染,宿主细胞陆续释放病毒,但很少或不影响宿主细胞的代谢与增殖,如以出芽方式释放的 RNA 病毒所引起的感染;③引起细胞转化,宿主细胞无限制的增殖引起肿瘤或癌变。但宿主细胞最典型的形态学变化为包涵体的产生。包涵体是病毒感染宿主细胞后在细胞内所形成的在光学显微镜下可见的小体。包涵体是蛋白质性质的,多数病毒的包涵体由病毒粒子组成,少数包涵体是细胞对病毒反应的产物。一个包涵体含有一到数个病毒粒子,也有不含病毒粒子的。包涵体为圆形、卵圆形或不定形,在细胞中呈现大小、数量不一。而且不同病毒在细胞中所形成包涵体的位置不同，有的在细胞质内形成，有的在细胞核内形成，也有的在细胞质和细胞核内部形成。包涵体可用于病毒的辅助诊断和某些病毒的鉴定。

病毒的生活方式与旅行

众所周知，细菌可以在人工制造的各种培养基上生长、繁殖，而病毒却一定要在活的细胞内才能生长、繁殖，也就是说，病毒是过寄生生活的。经过科学工作者的研究发现，病毒的寄生处主要有三类：①专门寄生在人和动物身上的；②以植物为寄生居所的；③以细菌体为寄生处所的。科学家分别把寄生在这三类生物体上的病毒称为动物病毒、植物病毒、细菌病毒（也叫噬菌体）。一切生物都被列为病毒的侵害之列。在病毒的旅行——传播过程中，通过各种生物之间的接触来传播病毒，其中昆虫还是它的主要帮手。此外，就是在人们打喷嚏、咳嗽的时候，也会把流行病毒传给旁边的人。还有那些昆虫，它东叮西咬，四处飞爬，接触人和动、植物的机

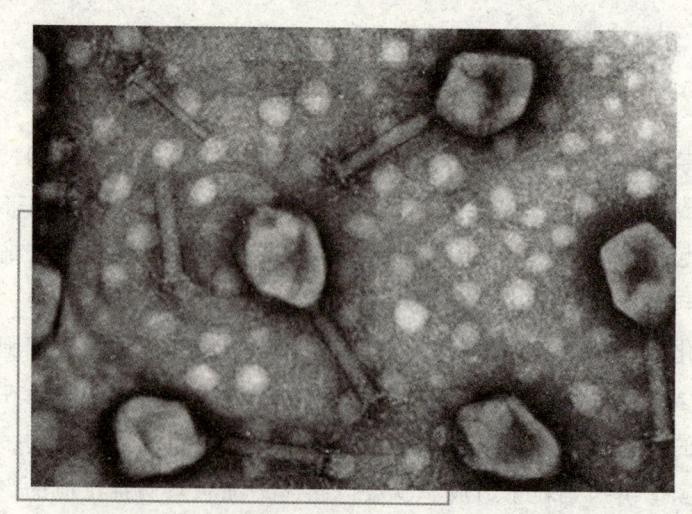

噬菌体

会多，所以它帮助病毒传染的效果就更迅速而且大。因为病毒寄生于活体内，所以消灭很困难。但人们发现，有些疾病，如天花、麻疹、狂犬病等患过一次就可获终身免疫能力，这就启发人们寻找预防疾病的方法——疫苗，有了疫苗，人们从此就与某些疾病绝缘了。

病毒的繁殖

病毒像任何一种生物一样，也要繁衍后代沿续种族，但病毒是无细胞结构的，它是怎样繁殖的呢？病毒的繁殖过程是这样的：首先是病毒与宿主细胞接触并吸附在其细胞表面，借着细胞吞饮等方式进入宿主细胞，这一过程叫"吸附"。病毒进入细胞后，其衣壳和囊膜即解脱或水解后释放出病毒核酸，此时在细胞内查不到有感染性的病毒颗粒，这阶段叫"隐蔽期"。在宿主细胞内的病毒核酸，控制宿主细胞的蛋白质和核酸的形成，按照自己的遗传信息合成自己的蛋白质与核酸，这叫"复制期"。复制的核酸和蛋白质在细胞的一定部位聚合装配形成完整的成熟的病毒，这叫"成熟期"。当细胞内聚集大量的成熟病毒时，病毒使细胞破裂而得到释放，此时称为"释放期"。如此这般，所有的病毒都这样不断合成、复制、释放，使自己不断繁殖。新释放出来的病毒，又继续侵入另外的细胞进行复制繁殖。

这样循环往复，病毒家族得以长命百岁。

病毒感染的预防

虽然病毒十分可怕，但也并非不能被制服。病毒感染的防治问题、预防原则与对其他微生物感染的一样，都是围绕着消灭传染源，切断传播途径及增强人群免疫力这三个环节采取有效措施。

通过预防实践证明，目前已有许多病毒性疾病用接种疫苗，即通过人工注射疫苗的方法,是可以达到预防目的的。

病毒疫苗分为死疫苗和活疫苗两种,这两种疫苗各有利弊,一般认为活疫苗优于死疫苗。

应用多价灭活疫苗预防呼吸道病毒性疾病,其效果比活疫苗好,因多价活疫苗可能在相似病毒之间出现互相干扰现象。

对于病毒性疾病的治疗问题研究较慢,目前尚无治疗病毒性疾病的特效药物。对预防病毒性疾病的研究,是医学上刻不容缓的工作,研制更有效的生物制品和化学疗剂,还有待今后进一步探求。

病毒的功与过

说到病毒,医生马上就会联想到艾滋病毒、肝炎病毒、狂犬病毒……而玉米花叶病、小麦丛矮病、甜菜缩顶病等植物疾病也都和病毒有关,这小小的病毒已被人类看作洪水猛兽,唯恐避之不及。但是,自然界的生物均有着其存在的价值。苏联科学家马曼斯基认为病毒并非十恶不赦。例如:患脊髓灰质炎的病人每10万个人中只有2人致残,绝大部分人都能康复。

感冒流行时每3个人就有1个人患病,但留下严重后遗症的仅属少数。并且,一个人在生过脊髓灰质炎、乙型脑炎、麻疹等疾病,这辈子就不会再得了,也就是说感染病毒后,就会在体内长期保存,从而具有对这种病毒的免疫。近年来,某些科学家甚至还发现,一些生物体自身也产生病毒,病毒对不同种生物体杂交、生物的拟态、对食物的适应等均有促进作用。人们在各个领域中也利用病

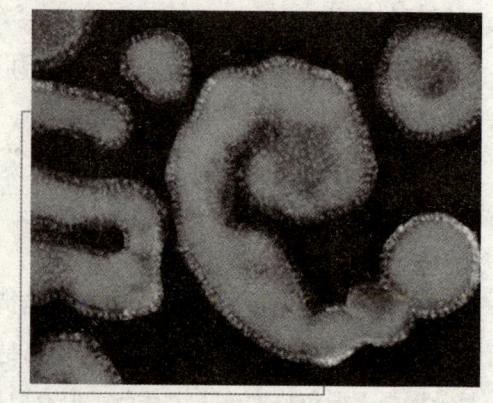

流行性病毒

毒进行杀菌、灭虫或用作基因工程的工具。所以说，在自然界中，病毒主要还起着有益的作用。虽然目前还无法证明病毒对人体有益。但自然界既然创造了病毒，那么它就是整个生态系统中不可缺少的环节，只是我们对它研究得不够而已。

干扰素

现在，抗生素已经成为医疗上应用极为广泛的重要药品，各种凶险的细菌性传染病，都被抗生素有力地制住了。不过，从现在的趋势看，未来的药品新秀可能将是干扰素的天下。

干扰素，顾名思义，是一种能起干扰作用的物质。1957年，英国的两位科学家艾萨克斯和林登曼首先发现，当病毒感染人体后，病人血液的白血球就会产生和释放出一种物质。这种物质具有非常奇妙的作用，它能干扰和抑制病毒等微生物"为非作歹"，故科学家称这种物质为"干扰素"。试验证明，干扰素对伤风、水痘、肝炎、麻疹、角膜炎、带状疱疹和疣病毒引起的疾病，效果特别好。最近的研究报道，干扰素对肝癌细胞也有抑制作用，而且应用于早期癌症患者，效果比晚期好得多。但干扰素来之极为不易，从45000升的人体血液中，只能提取0.4克的干扰素。令人振奋的是，瑞士苏黎世大学分子生物学教授和一些科技人员，根据遗传基因的结构原理，将产生干扰素的基因移植入大肠杆菌体内，成功地产生出了干扰素，为人工培养制取干扰素开创了一条新的简易途径。可以预测：不久的将来，初露头角的"干扰素"，将与当前的抗生素一样，成为一种十分理想的药物，为人类的健康事业建立功绩。

类病毒

众所周知，类病毒是世界上最小的微生物。1922年，美国科学家迪纳在研究马铃薯纺锤块茎病时，首次分离出一种能引起马铃薯纺锤块茎的小分子RNA。1971年他把这种小分子量的RNA称为马铃薯纺锤块茎类病毒（PSTV）。此后，相继发现柑橘裂皮类病毒（CET）、菊花矮化类病毒（CSV）、椰子死亡类病毒（CCCV）、鳄梨日斑类病毒（ASBV）。迪纳对类病毒作出如下定义："类病毒是存在于某些生物中，并能引起特殊病害的一种低分子量核酸。"迄今为止，已知的类病毒都只含有一种低分子量的 RNA，其分子约为 10.5 道尔顿，约含有 350 个核苷酸，为最小病毒核酸分子量的 1/10 左右。类病毒的核酸几乎呈共价闭合环状单链结构，其二级结构呈棍棒状。类病毒无蛋白质外壳，它不属于病毒，而有亚病毒之说。

丙型肝炎的真面目

自 20 世纪 70 年代发现甲型、乙型肝炎病毒，并发明了敏感的检测方法之后，人们以为肝炎问题可以圆满地画上句号，但后来又发现仍有一些肝炎病人肝功能的不正常，他们患的既不是甲型肝炎又不是乙型肝炎，实际上这是非甲非乙型肝炎在作怪，又称丙型肝炎。丙型肝炎是由丙型肝炎病毒引起的。它是输血后与散发性非甲非乙型肝炎的主要病因。这类肝炎虽然在表现上与乙型肝炎没有多大区别，但是很容易转变成慢性肝炎和肝硬化，并且很可能与肝癌形成有关，因而成了全球瞩目的问题。由于丙型肝炎病毒主要通过血液与血液制品传播，因此必须密切关注献血者的丙型肝

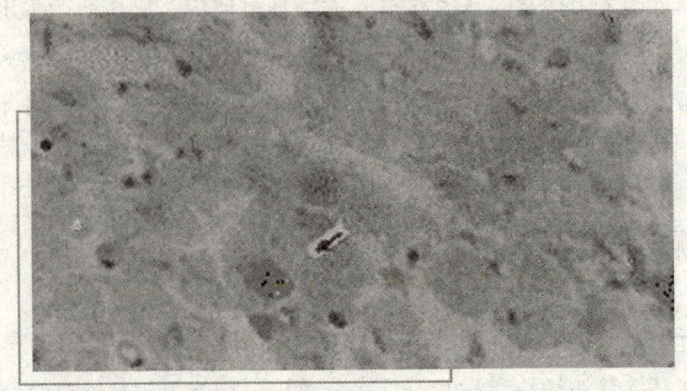

丙型肝炎

炎病毒的感染状况。据调查，在职业献血员中，丙型肝炎病毒抗体阳性为10%左右，有的地区可达20%~30%，职业献血浆者又比无偿献全血者患丙型肝炎的几率多。丙型肝炎的发现，为肝炎防治提出了新的课题，并已成为肝炎的世界最热门课题之一。

无名病毒

1993年春，在美国新墨西哥州、亚利桑那州、犹他州和科罗拉多州交界区附近的医生报告说，突然暴发的严重呼吸道疾病造成十多人死亡（主要发生于纳瓦霍印第安人中）后，现代医学的威力得到了以前所罕见的充分证明。来自美国疾病控制与预防中心（CDPC）和其他地方的研究人员在数月内便识别出引起四州交界区病情突然暴发的病毒罪犯。初步研究将这种新病原体称之为Sinnombre病毒，即无名病毒。从遗传学角度来看，这种病毒类似于人们已知道的，在亚洲和欧洲造成急性肾病的那类病毒（称之为hantavirus）。hantavirus这一名称取自汉滩川河，该河经流韩国的一个流行此病的区域。至1994年10月研究人员已在20个州中报告了94例hantavirus肺综合征——其中1/2以上属致死性的。调研人员认为患者通过吸入患病的拉布拉多白足鼠的干尿或粪便而生病，拉布拉多白足鼠是传播hantavirus的主要媒介动物。在四州交界区大约有30%的拉布拉多白足鼠携带有Sinnombre病体，人们在美国其他地区也已发现了一些患病的啮齿动物。虽然病因已找到，还有一些实际临床所遇到的问题等待人们去解决，所以无名病毒所带给人们的还是一串问号。

乙型肝炎病毒HBV

乙型肝炎这种肝部疾病确实是人类的一个普遍而又严重的健康问题。现已知道，引发乙型肝炎的病毒是危害性仅次于烟草的又一人类的致癌因子。数以亿计的人受到这种病毒的慢性感染并处在愈益严重的肝癌威胁之下。此外，有许多慢性的带病毒者看起来是健康的，但是他们却能够把这种病毒传染给和他们密切地生活在一起的人，从而启动新的发病周期。

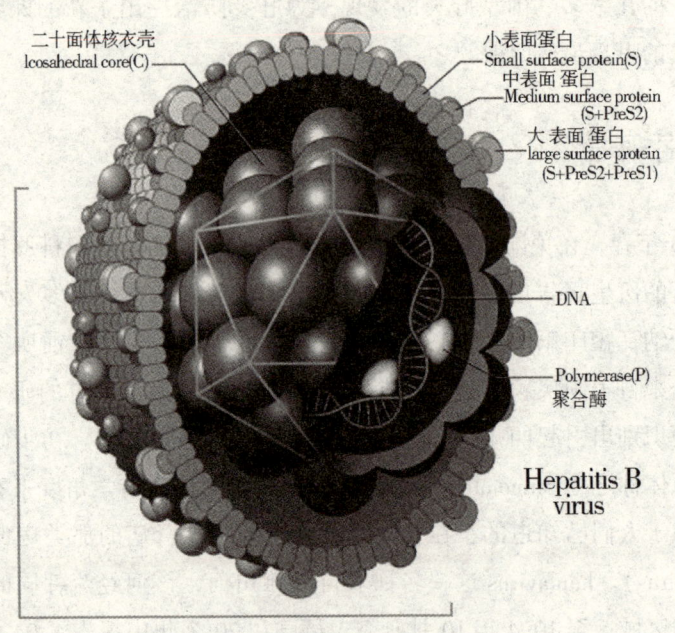

乙肝病毒（HBV）结构示意图

感染了 HBV 的人往往无自我感觉，在经过 2～6 个月的潜伏期后可能引发急性肝炎和肝损伤，引起腹痛、黄疸，血液中某些酶水平提高以及其他症状。在极少的病例中，HBV 感染会引起爆发性肝炎。这是一种迅速发展的，往往是致命的病害：大块肝脏遭到破坏。这种肝损伤并不说明有一种毒性更强的 HBV，而是宿主作出较强的免疫反应的结果。既然此病毒给人类带来如此巨大的损害，那我们有没有办法治理它呢？有的，现在科学研究工作者已利用基因工程制造新的疫苗，使人们有希望最终消灭此病害。

脊髓灰质炎

脊髓灰质炎是由于脊髓灰质炎病毒侵害脊髓的灰质部分，而引起的一种疾病。由于脊髓是人体重要的神经中枢，当它受到侵害后，某些相应的神经传导不能完成，导致人的瘫痪，其中最普遍的，如小儿麻痹症等。虽然脊髓灰质炎病毒非常厉害，但人类还是靠聪明的大脑研制出对抗此病毒的武器——疫苗。20世纪医学成功史之一是对脊髓灰质炎的控制，从20世纪五六十年代开始注射疫苗以来，在世界发达国家中瘫痪症变得很少了。但也一些令人痛心的消息，1978年世界卫生组织报告大约有35590个脊髓灰质炎病例发生，差不多所有的病例都出现在没有有效的注射疫苗的发展中国家。在埃及的调查表明80%的病人都只接受了少于规定的口服三次疫苗的剂量，其中还有病人根本就没有接受过任何疫苗。在热带国家给消灭这种病症带来更大困难，因为炎热往往使疫苗失效。可见，在脊髓灰质炎症的问题上，仅仅在医学上解决问题还是不够的，还需靠国民素质的提高，来一步步解决这顽固的病症。

腺病毒

腺病毒是1953年用于手术切除人的扁桃腺组织块培养时发现的。它属于没有囊膜的病毒，呈球形，直径为80～120纳米。病毒颗粒中心为22链DNA。腺病毒只能在组织细胞中生长繁殖，其中以人胚肾细胞最敏感，病变出现最早。受腺病毒感染的细胞，常出现细胞肿、变圆或堆积如葡萄状。人感染腺病毒后，可引起呼吸道、眼结膜炎症等疾病，该病毒在淋巴组织内可呈潜伏状态，长期生存于体内，经用手术切除的小儿扁桃腺及腺体中，其潜伏感染率可高达90%。腺病毒不耐热，56℃半小时即失去感染性，并且它还有一最大特征就是在细胞培养中，使培养液变酸。过去国外曾使用腺病活疫苗以

腺病毒

预防感染，后来发现腺病毒疫苗对新生地鼠有致癌作用，已停止使用。近年来研究的一种腺病毒亚单位疫苗，可将病毒核酸除去，只含病毒的壳粒或丝状突出物抗原，这样可排除腺病毒致癌的潜在危险，它将对预防腺病毒感染起到积极作用。

麻疹病毒

麻疹病是一种常见的在儿童期多发的传染性疾病，其罪魁祸首是麻疹病毒。麻疹病毒是一种含有 RNA 的病毒，在电镜下观察呈球形，也呈丝状，大小约 120～250 纳米。它对高温有很高的耐受性，在 56℃下加热 30 分钟才能使病毒消灭，麻疹病毒一般存在于病人的鼻咽和眼分泌物中，病人为传染源。病毒主要通过飞沫传播，也可由尘埃、玩具、用具等间接传染。病毒侵入宿主呼吸道或眼结膜后，由血液侵入淋巴组织，侵袭全身皮肤、黏膜、眼结膜、口腔、呼吸道及中枢神经系统，经两周潜伏期后，病人出现发烧、咳嗽、流涕、眼结膜充血、流泪等类似普通感冒的症状。大多数患儿在口颊黏膜处出现灰白色外绕红晕的斑点，这可以作为早期诊断的依据。发病 4 天左右，全身皮肤出现特殊的红色斑血疹，先在头部，继而胸部、躯干、再到手足部位。数日后，体温下降，皮疹消退，遗留有褐色色素沉着与脱屑。麻疹的侵袭力很强，人类对麻疹病毒有普遍易感性，未患过麻疹又未接种疫苗的无免疫力的人与病人接触后，几乎全部发病。我国医学科技人员利用麻疹病毒人工变异株，成功研制了麻疹减毒活疫苗，目前已广泛应用作预防接种，能有效地控制了麻疹的流行。

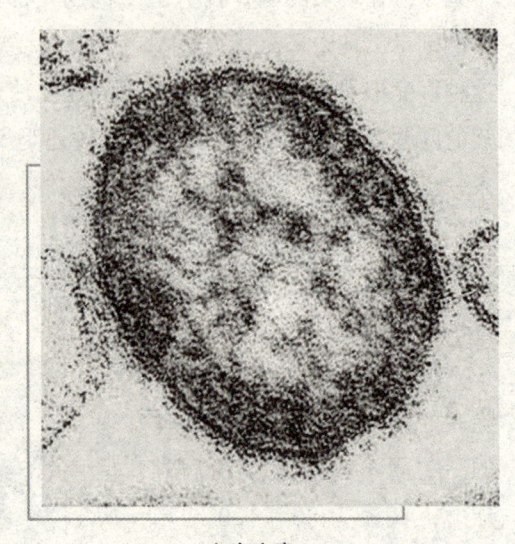

麻疹病毒

流行性乙型脑炎病毒

脑炎病毒种类很多，其中乙型病毒在我国、日本以及东南亚地区常引起流行，它能引起乙型脑炎病，病原体为流行性乙型脑炎病毒，它是通过蚊虫作为媒介而引起的一种儿童急性传染病。乙型脑炎病毒是 RNA 病毒，大小直径约 20~40 纳米，在电镜下呈球形，最外层有许多放射状的刺突。乙脑病毒通过体内带有病毒的蚊虫叮咬，病毒随即进入人体，

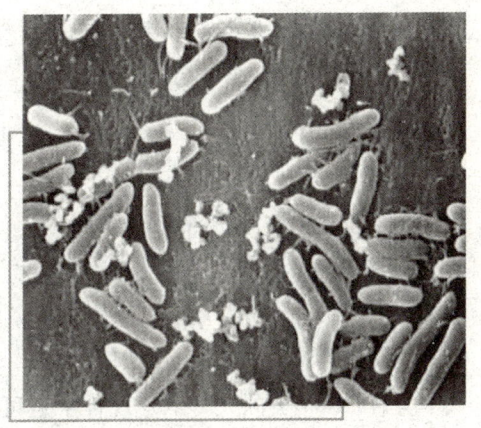

流行性乙型脑炎病毒

经数天潜伏期后，病毒在血管内皮细胞及淋巴结、肝、胸等处增殖，继而流入血液，此时病人出现发热、头痛等症状。在机体抵抗力降低时，又随血流通过脑屏障侵入脑组织及脊髓组织，引起脑组织炎症及神经细胞坏死，并波及到脑膜。此时病人表现为高热、剧烈头痛、谵妄以至昏迷，并继有颈项强直、抽搐等脑膜刺激症。若不及时治疗或治疗不当，会发生肢体瘫痪、精神失常和痴呆等后遗症，严重者死亡。预防乙脑的重要环节是切断传播途径，应发动群众，大力开展爱国卫生运动，掌握时机消灭蚊虫孳生地，加强灭蚊和防蚊措施。目前我国已应用组织培制备乙脑减毒活疫苗，接种此疫苗，可提高免疫力，有效预防流行性乙型脑炎的发生。

天花病毒

天花是一种烈性传染病，其病原体是天花病毒。它大小约 60000 纳米，在电镜下病毒颗粒是方砖形，可被普通染料着色。天花病毒只感染人和猴。天花的传染源是病人，病毒通过飞沫或直接接触传播，从呼吸道黏膜侵入

人体，约2周潜伏期后，从局部淋巴组织进入血液，此时病人发热、头痛、背痛，当病毒从血流进入单核巨噬系统和白细胞等处增殖时，病人颜面及四肢皮肤上出现斑疹，变成丘疹，水疱疹，发展成为脓疱，中毒症状加重。以后开始吸收，结痂皮脱落后会留有较深疤痕而成为麻子。在1000多年前我国宋代就已采用种痘的方法来预防天花，这是医学史上人工免疫法的起源。至1796年英国人琴纳发现种牛痘可以预防天花，随后世界各国都相继使用。旧中国经常发生天花流行，严重威胁着劳动人民的健康。新中国成立后，大力普种牛痘有效地预防天花流行。天花早在我国基本消灭。1979年10月国际卫生组织正式宣布全世界范围内天花已绝迹。

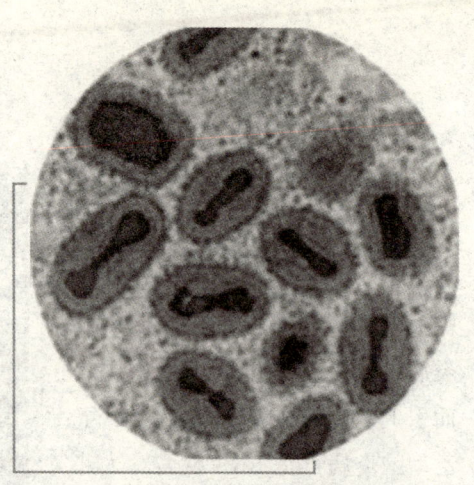

天花病毒

狂犬病毒

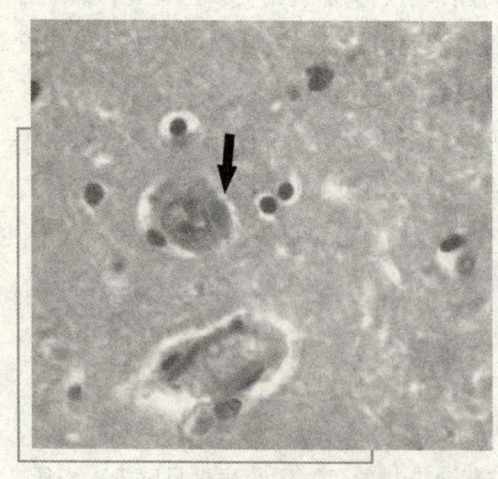

狂犬病病毒

狂犬病是由狂犬病毒引起的一种自然疫源性传染病。狂犬病毒有长杆形的、圆形的、卵圆形的等。该病毒结构直径为75～80纳米，长度为180～200纳米，病毒颗粒内含有单链RNA。狂犬病本来是一种传染性兽病，主要在野生动物及家畜中传播。首先蔓延于野生啮齿类动物，如松鼠、鼯鼠等为主，然后蔓延到较大型的野生动物，如狼、狐等，由此而再传到家畜，如猫、狗，最后传给人。患病的狗是主要的传染源。当病畜在发病前5天，唾液中即有较多的病毒，病毒从伤口侵入人体或病畜抓伤以及舔人的黏膜或破损的皮肤，甚至受伤的皮肤接触病畜刚咬过的东西也能引起感染。病毒从伤口侵入后，在局部沿感觉神经纤维上行到达中枢神经系统，在神经细胞中增殖又沿传出神经到唾液，故唾液具有传染性。但是被咬伤的或接触病毒的人，不一定全部发病，这主要看被咬伤的部位，伤口的大小与深浅，侵入病毒量的多少以及机体的防御功能与免疫状态等情况而决定。狂犬病死亡率几乎为100%。

出血热病毒

1993年5月，美国新墨西哥州的一对年轻夫妇在急性发作呼吸困难之后没几天就死去了。两人死前都突然发高烧，肌肉痉挛，头痛和剧烈地咳嗽。研究人员对这一病例进行研究发现，病人是被一种出血热病毒感染而死亡的。出血热病毒是已知的最危险的病毒之一，它们主要是靠动物来传播，在一些蚊子中，特别是伊蚊属的一些种类中就发现了出血热病毒，它们在叮咬人和动物的同时就把出血热病毒传播出去；甚至一些被晒干的老

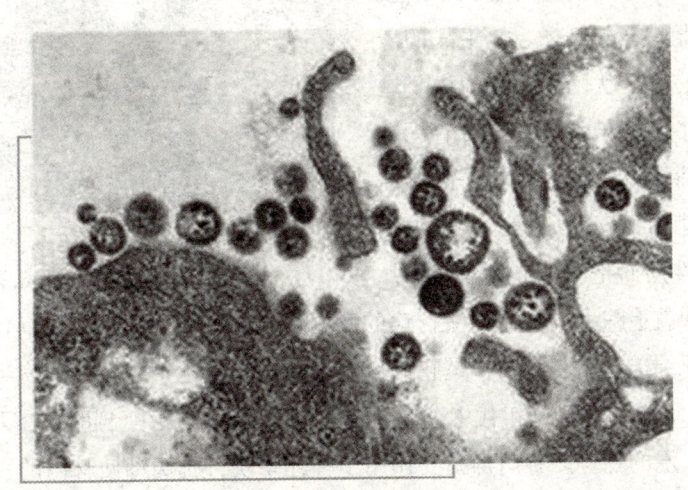

出血热病毒

鼠尿和排泄物所污染的尘土也是一大传染源。曾经在委内瑞拉中部的砍伐林区中就发现了100多个病人由于接触到污染的尘土而发病。而且出血热病毒还不断地进行着变异，总是以一个新的面孔出现，造成许多人感染、死亡。出血热病毒能迅速地适应环境的变化，引起血液中血小板的数量减少，并直接破坏受感染的细胞，危害极大。但是出血热病毒也不是"无敌"的，一种抗病毒药物三氮唑核苷就曾在出血热病毒大暴发的时候大显身手。而且世界各国的科学家们正在不断地开发各种新药，不久的将来，人类终将战胜出血热病毒。

朊病毒

朊病毒是近年来才发现的一种粒子。它不同于任何一种生物，在朊病毒的体内没有一切生命都具有的共同特征即核酸DNA和RNA。在今天大量的实验数据和临床数据证明，朊病毒其实是一种蛋白粒子。在20世纪80年代英国的疯牛病就是朊病毒侵害的例证。疯牛病的全称是牛的海绵状脑病，因为患了这种病的牛的脑子常会变成带有无数小孔的筛子。患病的牛丧失协调性并变得惊恐不安、烦躁，有时会感到奇痒难熬而把身上的毛都磨脱。

朊病毒

人们很快就追踪到发生这种流行病的病源是牛的饲料添加剂，在饲料添加剂中含有死绵羊的肉和骨粉，是它们携带着朊病毒侵蚀了牛。并且疯牛病是可传染的。从20世纪80年代中期起，在英国患疯牛病的牛已超过13万头，并且还有上涨的趋势。朊病毒主要作用于神经系统，朊病毒使脑内的一种支持细胞反常地增殖，而在传递神经脉冲时起作用的神经元中的树枝状棘减少。

在有些病例中，无数的小泡使脑组织呈海绵状。而且这种病会因人类食用病牛的肉而传染给人类，已在英国发现了这种病例。然而现在人类对这种疾病还没有任何方法能有效地清除它，还有待于科学家们的进一步研究。

流感病毒

在 1998 年 12 月初，一场大的流行性感冒在北京市流行，持续约 1 个月，直到 1999 年元旦后才有收敛。除北京市等华北地区外，东北、西北一些地区也发现了流感，并有南下的趋势。它的传播者就是小小的流感病毒。流感病毒分为甲、乙、丙三型。那次流行主要以甲型病毒中的甲 3 型为主，而甲型病毒是国际公认的毒力较强的一种流感病毒，它所引起的流感病情重，症状持久。所以 1998 年末 1999 年初的那场

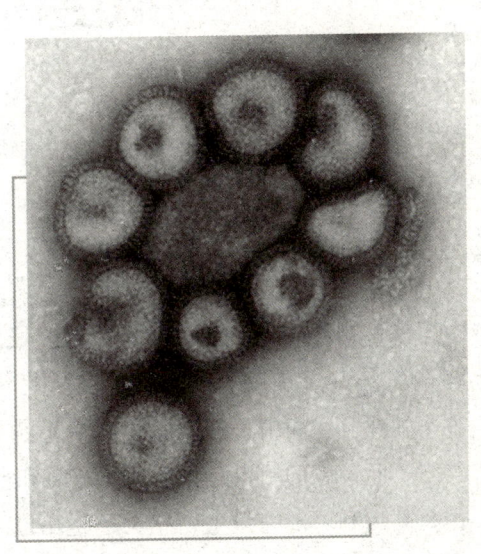

流感病毒

流感得以肆虐横行。流感病毒主要由空气飞沫传入呼吸道，侵入呼吸道上皮细胞，并进一步扩散，可侵入淋巴或血液循环。其毒性可引起部分组织中毒性改变和生理功能紊乱，人体的抗病力随之下降，为其他细胞的再次感染提供了有利条件。流感的潜伏期很短，患病后约 1~3 天以头痛、发热、乏力、全身酸痛等全身症状为主，这也是它与普通感冒的一个区别之处。流感不同于普通感冒，若不注意防治，会引起严重并发症如病毒性肺炎、中毒休克综合征等，甚至因心力衰竭、呼吸衰竭而导致死亡。预防流感主要可从三方面着手：①改善环境，防止病毒滋生。②避免接触传染源。③增强体质，提高抗病能力。总之，流感并不可怕，只要注意预防，一旦患病后及时治疗，它就不会给您的健康带来威胁。

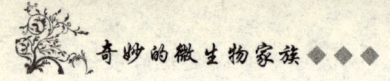

微生物资源

微生物的作用

微生物对人类最重要的影响之一是导致传染病的流行。在人类疾病中有50%是由病毒引起。世界卫生组织公布资料显示，传染病的发病率和病死率在所有疾病中占据第一位。微生物导致人类疾病的历史，也就是人类与之不断斗争的历史。在疾病的预防和治疗方面，人类取得了长足的进展，但是新出和再现的微生物感染还是不断发生，对大量的病毒性疾病一直缺乏有效的治疗药物。一些疾病的致病机制并不清楚。大量的广谱抗生素的滥用造成了巨大的选择压力，使许多菌株发生变异，导致耐药性的产生，人类健康受到新的威胁。一些分节段的病毒之间可以通过重组或重配发生变异，最典型的例子就是流行性感冒病毒。每次流感大流行流感病毒都与前次导致感染的株型发生了变异，这种快速的变异给疫苗的设计和治疗造成了很大的障碍。而

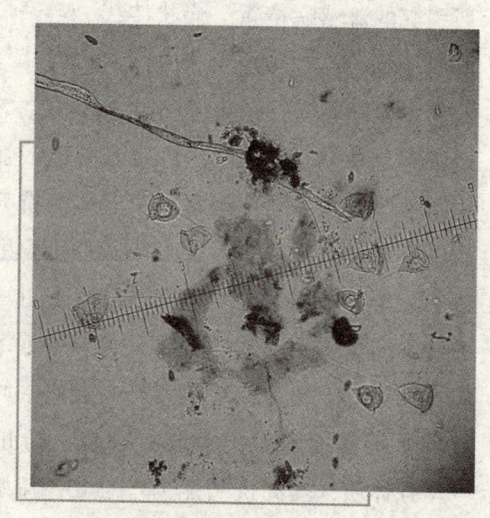

污水中的微生物

耐药性结核杆菌的出现，使原本已近控制住的结核感染又在世界范围内猖獗起来。

微生物千姿百态，有些是腐败性的，即引起食品气味和组织结构发生不良变化。当然有些微生物是有益的，它们可用来生产如奶酪、面包、泡菜、啤酒和葡萄酒。微生物非常小，必须通过显微镜放大约1000倍才能看到。比如中等大小的细菌，1000个叠加在一起只有句号那么大。

微生物能够致病，能够造成食品、布匹、皮革等发霉腐烂，但微生物也有有益的一面。最早是弗莱明从青霉菌抑制其他细菌的生长中发现了青霉素，这对医药界来讲是一个划时代的发现。后来大量的抗生素从放线菌等的代谢产物中筛选出来。抗生素的使用在第二次世界大战中挽救了无数人的生命。一些微生物被广泛应用于工业发酵，生产乙醇、食品及各种酶制剂等；一部分微生物能够降解塑料、处理废水废气等等，并且可再生资源的潜力极大，称为环保微生物；还有一些能在极端环境中生存的微生物，例如高温、低温、高盐、高碱以及高辐射等普通生命体不能生存的环境，依然存在着一部分微生物等等。看上去，我们发现的微生物已经很多，但实际上由于培养方式等技术手段的限制，人类现今发现的微生物还只占自然界中存在的微生物的很少一部分。

微生物间的相互作用机制也相当奥秘。例如健康人肠道中即有大量细菌存在，称正常菌群，其中包含的细菌种类高达上百种。在肠道环境中这些细菌相互依存，互惠共生。食物、有毒物质甚至药物的分解与吸收，菌群在这些过程中发挥的作用，以及细菌之间的相互作用机制还不明了。一旦菌群失调，就会引起腹泻。

随着医学研究进入分子水平，人们对基因、遗传物质等专业术语也日渐熟悉。人们认识到，是遗传信息决定了生物体具有的生命特征，包括外部形态以及从事的生命活动等等，而生物体的基因组正是这些遗传信息的携带者。因此阐明生物体基因组携带的遗传信息，将大大有助于揭示生命的起源和奥秘。在分子水平上研究微生物病原体的变异规律、毒力和致病性，对于传统微生物学来说是一场革命。

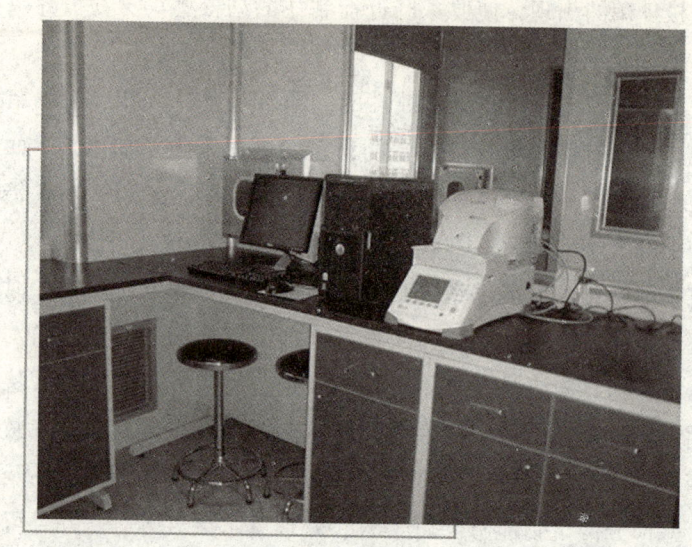

微生物实验室

以人类基因组计划为代表的生物体基因组研究成为整个生命科学研究的前沿,而微生物基因组研究又是其中的重要分支。世界权威性杂志《科学》曾将微生物基因组研究评为世界重大科学进展之一。通过基因组研究揭示微生物的遗传机制,发现重要的功能基因并在此基础上发展疫苗,开发新型抗病毒、抗细菌及真菌药物,将有效地控制新老传染病的流行,促进医疗健康事业的迅速发展和壮大!

从分子水平上对微生物进行基因组研究为探索微生物个体以及群体间作用的奥秘提供了新的线索和思路。为了充分开发微生物(特别是细菌)资源,1994年美国发起了微生物基因组研究计划(MGP)。通过研究完整的基因组信息开发和利用微生物重要的功能基因,不仅能够加深对微生物的致病机制、重要代谢和调控机制的认识,更能在此基础上发展一系列与我们的生活密切相关的基因工程产品,包括接种用的疫苗、治疗用的新药、诊断试剂和应用于工农业生产的各种酶制剂等等。通过基因工程方法的改造,促进新型菌株的构建和传统菌株的改造,全面促进微生物工业时代的来临。

工业微生物涉及食品、制药、冶金、采矿、石油、皮革、轻化工等多种行业。通过微生物发酵途径生产抗生素、丁醇、维生素C以及一些风味食品的制备等；某些特殊微生物酶参与皮革脱毛、冶金、采油采矿等生产过程，甚至直接作为洗衣粉等的添加剂；另外还有一些微生物的代谢产物可以作为天然的微生物杀虫剂广泛应用于农业生产。通过对枯草芽孢杆菌的基因组研究，发现了一系列与抗生素及重要工业用酶的产生相关的基因。乳酸杆菌作为一种重要的微生态调节剂参与食品发酵过程，对其进行的基因组研究将有利于找到关键的功能基因，然后对菌株加以改造，使其更适于工业化的生产过程。

微生物培养箱

据资料统计，全球每年因病害导致的农作物减产可高达20%，其中植物的细菌性病害最为严重。除了培植在遗传上对病害有抗性的品种以及加强园艺管理外，似乎没有更好的病害防治策略。因此积极开展某些植物致病微生物的基因组研究，认清其致病机制并由此发展控制病害的新对策显得十分紧迫。

在全面推进经济发展的同时，滥用资源、破坏环境的现象也日益严重。面对全球环境的一再恶化，提倡环保已成为全世界人民的共同呼声。而生物除污在环境污染治理中潜力巨大，微生物参与治理则是生物除污的主流。微生物可降解塑料、甲苯等有机物；还能处理工业废水中的磷酸盐、含硫废气以及土壤的改良等。微生物能够分解纤维素等物质，并促进资源的再生利用。对这些微生物开展的基因组研究，在深入了解特殊代谢过程的遗传背景的前提下，有选择性地加以利用，例如找到不同污染物降解的关键基因，将其在某一菌株中组合，构建高效能的基因工程菌株；一菌多用，可同时降解不同的环境污染物质，极大发挥其改善环境、排除污染的潜力。

美国基因组研究所结合生物芯片方法对微生物进行了特殊条件下的表达谱的研究,以期找到其降解有机物的关键基因,为开发及利用确定目标。

在极端环境下能够生长的微生物称为极端微生物,又称嗜极菌。嗜极菌对极端环境具有很强的适应性,极端微生物基因组的研究有助于从分子水平研究极限条件下微生物的适应性,加深对生命本质的认识。

有一种嗜极菌,它能够暴露于安全强度数千倍的辐射下仍能存活,而人类则会因此死亡。该细菌的染色体在接受几百万拉德α射线后粉碎为数百个片段,但能在一天内将其恢复。研究其DNA修复机制对于发展在辐射污染区进行环境的生物治理非常有意义。开发利用嗜极菌的极限特性可以突破当前生物技术领域中的一些局限,建立新的技术手段,使环境、能源、农业、健康、轻化工等领域的生物技术能力发生革命。来自极端微生物的极端酶,可在极端环境下行使功能,将极大地拓展酶的应用空间,是建立高效率、低成本生物技术加工过程的基础,极端微生物的研究与应用将是取得现代生物技术优势的重要途径,其在新酶、新药开发及环境整治方面应用潜力极大。

微生物在整个生命世界中的地位

在人类在发现和研究微生物之前,把一切生物分成截然不同的两大界——动物界和植物界。随着人们对微生物认识的逐步深化,从两界系统经历过三界系统、四界系统、五界系统甚至六界系统,直到20世纪70年代后期,美国人威斯特等发现了地球上的第三生命形式——古菌,才导致了生命三域学说的诞生。该学说认为,生命是由古菌域

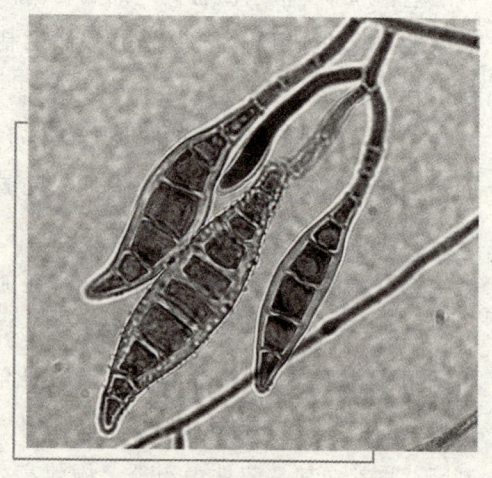

微生物图片

(Archaea)、细菌域（Bacteria）和真核生物域（Eucarya）所构成。

古菌域包括嗜泉古菌界（Crenarchaeota）、广域古菌界（Euryarchaeota）和初生古菌界（Korarchaeota）；细菌域包括细菌、放线菌、蓝细菌和各种除古菌以外的其他原核生物；真核生物域包括真菌、原生生物、动物和植物。除动物和植物以外，其他绝大多数生物都属微生物范畴。由此可见，微生物在生物界级分类中占有特殊重要的地位。

从进化的角度，微生物是一切生物的老前辈。如果把地球的年龄比喻为1年的话，则微生物约在3月20日诞生，而人类约在12月31日下午7时许出现在地球上。

微生物工程名称

微生物工程又叫发酵工程。发酵是微生物特有的作用，在几千年前就被人类认识了，并且用来制造酒、面包。微生物工程，是大规模发酵生产工艺的总称，就是利用微生物发酵作用，通过现代工程技术手段来生产有用物质，或者把微生物直接应用于生物反应器的技术。它是在发酵工艺基础上吸收基因工程、细胞工程和酶工程以及其他技术的成果而形成的。

发酵工程跟化学工业、医药、食品、能源、环境保护和农牧业等许多领域关系密切，对它的开发有很大的经济效益。DNA重组技术和生物反应器(装有固定化酶的容器) 能进行生物化学合成，是生物工程中的两大支柱。从工业规模生产这一点看，生物反应器尤其重要。因为只有通过微生物发酵，才能形成新的产业。

微生物电池

煤炭、石油、天然气，是当前人类生活中的主要能源。随着人类社会的发展和生活水平的提高，需要消耗的能量日益增多。可是这些大自然恩赐的能源物质是通过千万年的地壳变化而逐渐积累起来的，数量虽多，但毕竟有限。因此，人们终将面临能源危机的一天。

当然，人们可以从许多方面获取能源。例如太阳能就是一个巨大的能源。此外像地热、水力、原子核裂变都可以放出大量的热能。试验研究表明，利用微生物发电这项技术，向人们展示出了美好的前景。

电池有很多种类，燃料电池是这个家族中的后起之秀。一般电池是由正极、负极、电解质三部分构成，燃料电池也是这样：让燃料在负极的一头发生化学反应，失去电子；让氧化剂在正极的一头发生反应，得到从负极经过导线跑过来的电子。同普通电池一样，这时候导线里就有电流通过。

燃料电池可以用氢、联氨、甲醇、甲醛、甲烷、乙烷等作燃料，以氧气、空气、双氧水等为氧化剂。现在我们可以利用微生物的生命活动产生的所谓"电极活性物质"作为电池燃料，然后通过类似于燃料电池的办法，把化学能转换成电能，成为微生物电池。

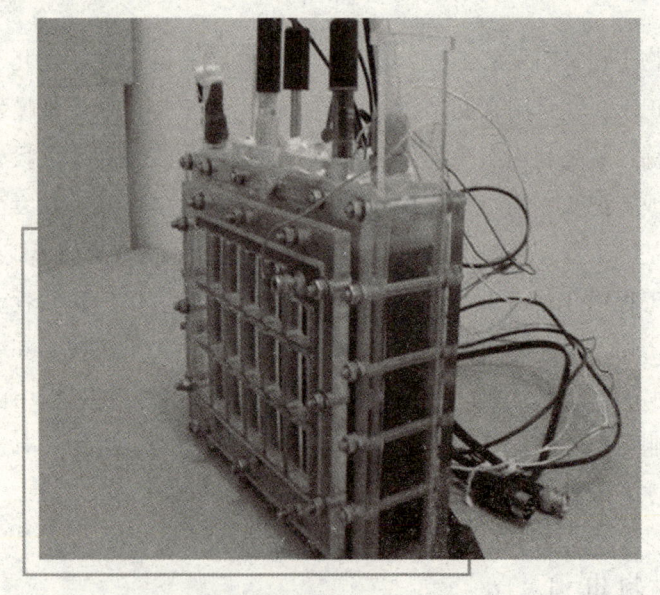

微生物燃料电池

作为微生物电池的电极活性物质，主要是氢、甲酸、氨等等。例如，人们已经发现不少能够产氢的细菌，其中属于化能异养菌的有30多种，它们能够发酵糖类、醇类、有机酸等有机物，吸收其中的化学能来满足自身生命活动的需要，同时把另一部分的能量以氢气的形式释放出来。有了这种氢作燃料,就可以制造出氢氧型的微生物电池来。

在密闭的宇宙飞船里,宇航员排出的尿怎么办?美国宇航局设计了一种巧妙的方案:用微生物中的芽孢杆菌来处理尿,生产出氨气,以氨作电极活性物质,就得到了微生物电池,这样既处理了尿,又得到了电能。一般在宇航条件下,只要排出22克尿,能得到47瓦电力。同样的道理,也可以让微生物从废水的有机物中取得营养物质和能源,生产出电池所需要的燃料。

尽管微生物电池还处在试验研究的阶段,但它预示着不久的将来,将给人类提供更多的能源。

海洋微生物

海洋微生物是指以海洋水体为正常栖居环境的一切微生物。海洋细菌是海洋生态系统中的重要环节,作为分解者它促进了物质循环。在海洋沉积成岩及海底成油成气的过程中,它也都起了重要作用。还有一小部分化能自养菌则是深海生物群落中的生产者。海洋细菌可以污损水工构筑物,在特定条

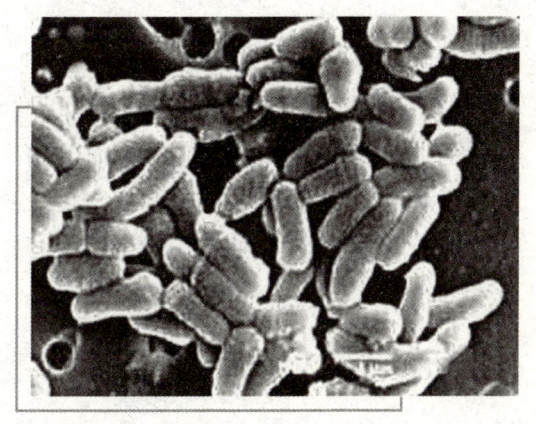

海洋微生物

件下其代谢产物如氨及硫化氢也可毒化养殖环境,从而造成养殖业的经济损失。但海洋微生物的拮抗作用可以消灭陆源致病菌,它的巨大分解潜能几乎可以净化各种类型的污染,它还可能提供新抗生素以及其他生物资源,因而随着研究技术的进展,海洋微生物日益受到重视。

海洋微生物特性

与陆地相比,海洋环境以高盐、高压、低温和稀营养为特征。海洋微生物长期适应复杂的海洋环境而生存,因而有其独具的特性。

嗜盐性

嗜盐性是海洋微生物最普遍的特点。真正的海洋微生物的生长必需海水。海水中富含各种无机盐类和微量元素。钠为海洋微生物生长与代谢所必需,此外,钾、镁、钙、磷、硫或其他微量元素也是某些海洋微生物生长所必需的。

嗜冷性

大约90%海洋环境的温度都在5℃以下,绝大多数海洋微生物的生长要求较低的温度,一般温度超过37℃就停止生长或死亡。那些能在0℃生长或其最适生长温度低于20℃的微生物称为嗜冷微生物。嗜冷菌主要分布于极地、深海或高纬度的海域中。其细胞膜构造具有适应低温的特点。那种严格依赖低温才能生存的嗜冷菌对热反应极为敏感,即使中温就足以阻碍其生长与代谢。

嗜压性

海洋中静水压力因水深而异,水深每增加10米,静水压力递增1个标准大气压(1标准大气压 = 1.01325×10^5 帕斯卡)。海洋最深处的静水压力可超过1000大气压。深海水域是一个广阔的生态系统,约56%以上的海洋环境处在100~1100大气压的压力之中,嗜压性是深海微生物独有的特性。源于浅海的微生物一般只能忍耐较低的压力,而深海的嗜压细菌则具有在高压环境下生长的能力,能在高压环境中保持其酶系统的稳定性。研究嗜压微生物的生理特性必需借助高压培养器来维持特定的压力。那种严格依赖高压而存活的深海嗜压细菌,由于研究手段的限制迄今尚难于获得纯培养菌株。根据自动接种培养装置在深海实地实验获得的微生物生理活动资料判断，在深海底部微生物分解各种有机物质的过程是相当缓慢的。

低营养性

海水中营养物质比较稀薄，部分海洋细菌要求在营养贫乏的培养基上生长。在一般营养较丰富的培养基上，有的细菌于第一次形成菌落后即迅速死亡，有的则根本不能形成菌落。这类海洋细菌在形成菌落过程中因其自身代谢产物积聚过甚而中毒致死。这种现象说明常规的平板法并不是一种最理想的分离海洋微生物的方法。

趋化性与附着生长

海水中的营养物质虽然稀薄，但海洋环境中各种固体表面或不同性质的界面上吸附积聚着较丰富的营养物。绝大多数海洋细菌都具有运动能力。其中某些细菌还具有沿着某种化合物浓度梯度移动的能力，这一特点称为趋化性。某些专门附着于海洋植物体表而生长的细菌称为植物附生细菌。海洋微生物附着在海洋中生物和非生物固体的表面，形成薄膜，为其他生物的附着造成条件，从而形成特定的附着生物区系。

多形性

在显微镜下观察细菌形态时，有时在同一株细菌纯培养中可以同时观察到多种形态，如球形椭圆形、大小长短不一的杆状或各种不规则形态的细胞。这种多形现象在海洋革兰阴性杆菌中表现尤为普遍。这种特性看来是微生物长期适应复杂海洋环境的产物。

发光性

在海洋细菌中只有少数几个属表现发光特性。发光细菌通常可从海水或鱼产品上分离到。细菌发光现象对理化因子反应敏感，因此有人试图利用发光细菌作为检验水域污染状况的指示菌。

海洋微生物分布

海洋细菌分布广、数量多,在海洋生态系统中起着特殊的作用。海洋中细菌数量分布的规律是:近海区的细菌密度较内湾与河口内密度大;表层水和水底泥界面处细菌密度较深层水大;一般底泥中较海水中大;不同类型的底质间细菌密度差异悬殊,一般泥土中高于沙土。大洋海水中细菌密度较小,每毫升海水中有时分离不出 1 个细菌菌落,因此必须采用薄膜过滤法,将一定体积的海水样品用孔径 0.2 微米的薄膜过滤,使样品中的细菌聚集在薄膜上,再采用直接显微计数法或培养法计数。大洋海水中细菌密度一般为每 40 毫升几个至几十个。在海洋调查时常发现某一水层中细菌数量剧增,这种微区分布现象主要决定于海水中有机物质的分布状况。一般在赤潮之后往往伴随着细菌数量增长的高峰。有人试图利用微生物分布状况来指示不同水团或温跃层界面处有机物质积聚的特点,进而分析水团来源或转移的规律。

含有大量微生物的海洋

海水中的细菌以革兰阴性杆菌占优势，常见的有假单胞菌属等10余个属。相反，海底沉积土中则以革兰阳性细菌偏多。芽胞杆菌属是大陆架沉积土中最常见的属。

海洋真菌多集中分布于近岸海域的各种基底上，按其栖住对象可分为寄生于动植物、附着生长于藻类和栖住于木质或其他海洋基底上等类群。某些真菌是热带红树林上的特殊菌群。某些藻类与菌类之间存在着密切的营养供需关系，称为藻菌半共生关系。

大洋海水中酵母菌密度为每升5～10个，近岸海水中可达每升几百至几千个。海洋酵母菌主要分布于新鲜或腐烂的海洋动植物体上，海洋中的酵母菌多数源于陆地，只有少数海洋酵母菌被认为是海洋种。海洋中酵母菌的数量分布仅次于海洋细菌。

海洋堪称为世界上最庞大的恒化器，能承受巨大的冲击（如污染）而仍保持其生命力和生产力，微生物在其中是不可缺少的活跃因素。自人类开发利用海洋以来，竞争性的捕捞和航海活动，大工业兴起带来的污染以及海洋养殖场的无限扩大，使海洋生态系统的动态平衡遭受严重破坏。海洋微生物以其敏感的适应能力和快速的繁殖速度在发生变化的新环境中迅速形成异常环境微生物区系，积极参与氧化还原活动，调整与促进新动态平衡的形成与发展。从暂时或局部的效果来看，其活动结果可能是利与弊兼有，但从长远或全局的效果来看，微生物的活动始终是海洋生态系统发展过程中最积极的一环。

海洋中的微生物多数是分解者，但有一部分是生产者，因而具有双重的重要性。实际上，微生物参与海洋物质分解和转化的全过程。海洋中分解有机物质的代表性菌群是：分解有机含氮化合物者有分解明胶、鱼蛋白、蛋白胨、多肽、氨基酸、含硫蛋白质以及尿素等的微生物；利用碳水化合物类有主要利用各种糖类、淀粉、纤维素、琼脂、褐藻酸、几丁质以及木质素等的微生物。此外，还有降解烃类化合物以及利用芬香化合物如酚等的微生物。海洋微生物分解有机物质的终极产物如氨、硝酸盐、磷酸盐以及二氧化碳等，都直接或间接地为海洋植物提供主要营养。微生物在海洋无机营养再生过程中起着决定性的作用。某些海洋化能自养细菌可通过

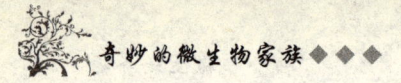

对氨、亚硝酸盐、甲烷、分子氢和硫化氢的氧化过程取得能量而增殖。在深海热泉的特殊生态系中,某些硫细菌是利用硫化氢作为能源而增殖的生产者,另一些海洋细菌则具有光合作用的能力。不论异养或自养微生物,其自身的增殖都为海洋原生动物、浮游动物以及底栖动物等提供直接的营养源。这在食物链上有助于初级或高层次的生物生产。在深海底部,硫细菌实际上负担了全部初级生产。

在海洋动植物体表或动物消化道内往往形成特异的微生物区系,如弧菌等是海洋动物消化道中常见的细菌,分解几丁质的微生物往往是肉食性海洋动物消化道中微生物区系的成员。某些真菌、酵母和利用各种多糖类的细菌常是某些海藻体上的优势菌群。微生物代谢的中间产物如抗生素、维生素、氨基酸或毒素等是促进或限制某些海洋生物生存与生长的因素。某些浮游生物与微生物之间存在着相互依存的营养关系。如细菌为浮游植物提供维生素等营养物质,浮游植物分泌乙醇酸等物质作为某些细菌的能源与碳源。

由于海洋微生物富有变异性,故能参与降解各种海洋污染物或毒物,这有助于海水的自身净化和保持海洋生态系统的稳定。

微生物营养

微生物细胞的化学组成

通过分析微生物细胞的化学成分,发现微生物细胞与其他生物细胞的化学组成并没有本质上的差异。微生物细胞平均含水分80%左右,其余20%左右为干物质。在干物质中有蛋白质、核酸、碳水化合物、脂类和矿物质等。这些干物质是由碳、氢、氧、氮、磷、硫、钾、钙、镁、铁等主要化学元素组成,其中碳、氢、氧、氮是组成有机物质的四大元素,大约占干物质的90%~97%,其余的3%~10%是矿物质元素,这些矿质元素对微生物的生长也起着重要的作用。

微生物的营养物质及其生理功能

通过了解微生物的化学组成，可见微生物在新陈代谢活动中，必须吸收充足的水分以及构成细胞物质的碳源和氮以及钙、镁、钾、铁等多种多样的矿质元素和一些必须的生长辅助因子，才能正常地生长发育。

水　分

水分是微生物细胞的主要组成成分，大约占鲜重的70%～90%。不同种类微生物细胞含水量不同。同种微生物处于发育的不同时期或不同的环境其水分含量也有差异，幼龄菌含水量较多，衰老和休眠体含水量较少。微生物所含水分以游离水和结合水两种状态存在，两者的生理作用不同。结合水不具有一般水的特性，不能流动，不易蒸发，不冻结，不能作为溶剂，也不能渗透。游离水则与之相反，具有一般水的特性，能流动，容易从细胞中排出，并能作为溶剂，帮助水溶性物质进出细胞。微生物细胞游离态的水同结合态的水的比例为4:1。

微生物细胞中的结合态水约束于原生质的胶体系统之中，成为细胞物质的组成成分，是微生物细胞生活的必要条件。游离水是细胞吸收营养物质和排出代谢物的溶剂及生化反应的介质；一定量的水分又是维持细胞渗透压的必要条件。由于水的比热高又是热的良导体，能有效地调节细胞内的温度。微生物如果缺乏水分，则会影响代谢作用的进行。

碳源物质

凡是可以被微生物利用，构成细胞代谢产物碳素来源的物质，统称为碳源物质。碳源物质通过细胞内的一系列化学变化，被微生物用于合成各种代谢产物。微生物对碳素化合物的需求是极为广泛的，根据碳素的来源不同，可将碳源物质分为无机碳源物质和有机碳源物质。糖类是较好的碳源，尤其是单糖（葡萄糖、果糖）、双糖（蔗糖、麦芽糖、乳糖），绝大多数微生物都能利用。此外，简单的有机酸、氨基酸、醇、醛、酚等含碳化合物也能被许多微生物利用。所以我们在制作培养基时常加入葡萄糖、蔗

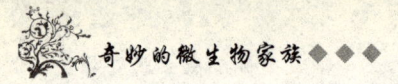

糖作为碳源。这些有机物质在细胞内分解代谢提供小分子碳架外，还产生能量供合成代谢需要的能量，所以部分碳源物质既是碳源物质，同时又是能源物质。

在微生物发酵工业中，常根据不同微生物的需要，利用各种农副产品如玉米粉、米糠、麦麸、马铃薯、甘薯以及各种野生植物的淀粉，作为微生物生产廉价的碳源。这类碳源往往包含了几种营养要素。

氮源物质

微生物细胞中大约含氮5%~13%，它是微生物细胞蛋白质和核酸的主要成分。氮素对微生物的生长发育有着重要的意义，微生物利用它在细胞内合成氨基酸和碱基，进而合成蛋白质、核酸等细胞成分，以及含氮的代谢产物。无机的氮源物质一般不提供能量，只有极少数的化能自养型细菌如硝化细菌可利用铵态氮和硝态氮在提供氮源的同时，通过氧化产生代谢能。

无机元素

微生物细胞中的矿物元素约占干重的3%~10%，它是微生物细胞结构物质不可缺少的组成成分和微生物生长不可缺少的营养物质。许多无机矿物质元素构成酶的活性基团或酶的激活剂，并具有调节细胞的渗透压，调节酸碱度和氧化还原电位以及能量的转移等作用。微生物需要的无机矿质元素分为常量元素和微量元素。

常量矿质元素是磷、硫、钾、钠、钙、镁、铁等。磷、硫的需要量很大，磷是微生物细胞中许多含磷细胞成分，如核酸、核蛋白、磷脂、三磷酸腺苷（ATP）、辅酶的重要元素。硫是细胞中含硫氨基酸及生物素，硫胺素等辅酶的重要组成成分。钾、钠、镁是细胞中某些酶的活性基团，并具有调节和控制细胞质的胶体状态，细胞质膜的通透性和细胞代谢活动的功能。

微量元素有钼、锌、锰、钴、铜、硼、碘、镍、溴、钒等，一般在培养基中每升含有0.1毫克或更少就可以满足需要。

生长因子

生长因子是微生物维持正常生命活动所不可缺少的、微量的特殊有机营养物，这些物质在微生物自身不能合成，必须在培养基中加入。缺少这些生长因子就会影响各种酶的活性，新陈代谢就不能正常进行。

生长因子是指维生素、氨基酸、嘌呤、嘧啶等特殊有机营养物。而狭义的生长因子仅指维生素。这些微量营养物质被微生物吸收后，一般不被分解，而是直接参与或调节代谢反应。

在自然界中自养型细菌和大多数腐生细菌，霉菌都能自己合成许多生长辅助物质，不需要另外供给就能正常生长发育。

油田微生物

油田微生物是指参与石油形成和转化的微生物。1901年，舍伊科首先发现油层中的微生物。1926年，金兹堡·卡拉吉切娃和巴斯廷分别在苏联和美国的油层中发现了硫酸盐还原菌等微生物的存在。以后，又在油藏区发现了好氧的烃类氧化菌、氢的氧化菌、硫化细菌、腐生菌以及厌氧的硫酸盐还原菌、脱氧细菌、甲烷形成

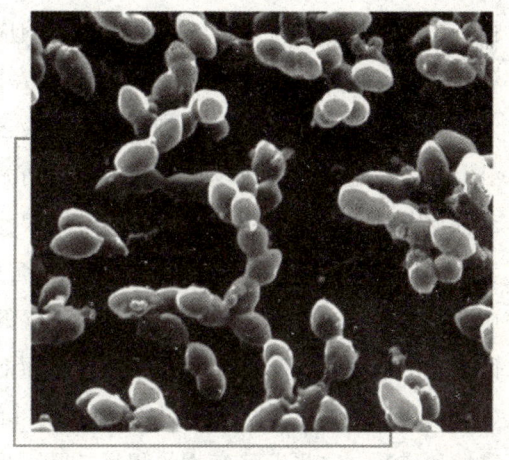

油田微生物

菌等。由于油气富集藏区的石油烃气和易挥发烃类沿地层孔隙和裂孔向上扩散，在底土和地下水中成为能氧化甲烷、乙烷和丙烷等烃气微生物的碳源和能源。20世纪30年代初，莫吉列夫斯基提出油气田的微生物勘探法。

微生物不仅参与有机沉积物初期阶段的分解、烃类的富集、非烃有机物向烃类的转化、还原环境的创造和成岩作用的过程，而且还参与各类石

油和沥青的转化。例如，由于微生物破坏石油的轻馏分而产生生物源的气体——甲烷、二氧化碳、硫化氢和氮，结果胶质馏分增加，导致石油重化。另外，微生物本身也是烃类材料的来源，因而人们已经开始注意产烃微生物资源的开发和利用。1926年，贝克曼首先提出用微生物增加采油的建议，1946年，佐贝尔得到微生物采油法的专利权。一些国家已经利用脱硫弧菌和假单胞菌的混合菌株接种油层，利用厌氧石油分解菌、梭菌在油层中发酵糖蜜产生二氧化碳和有机酸，利用甘蓝黑腐病黄单胞菌发酵糖类产生的胞外多糖作为注水稠化剂，利用分枝杆菌发酵烃类产生的表面活性物质提高采油量。

饲料微生物

饲料微生物是指作为畜、禽和鱼类的饲料以及适用于加工或改善饲料质量的微生物。在日益发展的基础上，人们逐渐认识并利用微生物增加饲料新品种或改进饲料质量。饲料微生物的应用包括青贮饲料、单细胞蛋白和发酵饲料等方面。饲料微生物应用主要在以下几方面：

1. 青贮饲料：利用乳酸细菌类微生物发酵产生乳酸贮存的饲料。此法沿用已久，能使饲料在较长期间内保持青嫩、多汁和适口。通常将玉米等禾谷类青料切碎，加一定量的豆类、块根作物的青料、淀粉质饲料、盐和发酵饲料的酸液（即乳酸细菌类的接种剂）混拌后，装进青贮塔或窑中，压实、密封。在缺氧条件下，饲料中所含的简单碳水化合物逐渐被乳酸细菌类微生物发酵，产生乳酸和醋酸，因而能对引起饲料腐败的各类氨化微生物的活动进行控制，由塔中的酵母菌（酿酵母）进行发酵，产生乙醇、乳酸和醋酸。这些发酵产物的积累，既可保持饲料不腐败，又能改善它的营养价值和适口性。

2. 单细胞蛋白：微小生物的细胞蛋白常被用作精饲料或一般饲料的添加剂，从而增加畜、禽和鱼类的蛋白质营养。常用的有饲料酵母（啤酒厂制酒，发酵后滤出的酵母），干制后约含有50%的蛋白质和多种维生素，是营养价值较高的添加剂。木材水解液、废糖蜜、亚硫酸纸浆液和食品加工业的下脚料或废水，也被利用来培养饲料酵母（如产朊假丝酵母、热带假丝酵母），供作饲料蛋白。

某些假丝酵母、球拟酵母、克勒克酵母能利用石油中的某些成分作为碳原和能源而生长繁殖，通常称其为石油酵母。以石油为原料，人工培养这类酵母，从而得到蛋白质。但这类酵母细胞蛋白质须慎重加工处理，确证其对畜、禽无毒时，方能用作饲料。

微生物饲料

3. 发酵饲料：某些粗饲料经接种合适的菌剂，在人工控制的条件下，发酵成为营养价值较高的饲料。其中比较成功的是借助曲霉、酵母的活动，将半纤维素、淀粉含量高的粗饲料发酵成为适口的饲料。也有把富含纤维素、木质素的原料，经接种担子菌（如侧耳属、鬼伞属的一些种）以及黑曲霉、木霉进行纤维素分解，以提高饲料的利用率。也有利用栽培食用菌的培养料经加工而成饲料的。

利用微生物发酵饲料的另一种方法是依照牛、羊的瘤胃，安装发酵设备，充以粉碎的秸秆，以瘤胃液作为发酵微生物类群的接种剂，在无氧、适温条件下进行纤维素的分解，变纤维素和半纤维素等为有效性糖类，提高营养价值。

为了提高饲料的质量，在饲料添加剂中也常利用微生物的代谢产物（如土霉素、金霉素、青霉素、链霉素、杆菌肽等），兼收防治疾病的效果。

微生物对人与动物带来的危害

微生物与人类疾病

微生物在自然界中分布极为广泛。在人体、动植物的体表以及人体和动物体与外界相通的腔道如呼吸道、消化道等,均有多种微生物存在。正常情况下寄居于人体表面及与外界相通的腔道如口腔、鼻咽腔、肠道以及泌尿生殖道中的微生物称之为"正常菌群"。

病原微生物可分为三类:①非细胞型微生物,病毒属于这类微生物;②原核细胞型微生物,包括细菌、支原体、立克次体、衣原体、螺旋体和放线菌;③真核细胞型微生物,真菌属于这类微生物。

由细菌引起的疾病,常见的有毒血症、败血症和菌血症。

毒血症

毒血症指病原菌在局部组织中生长繁殖,本身并不进入血液,而是其生长过程中产生的外毒素侵入血液,到达特定的组织及细胞,引起特殊的毒性症状。如破伤风杆菌的破伤风毒素作用于人体脊髓和脑干组织的神经节苷脂受体,使人的

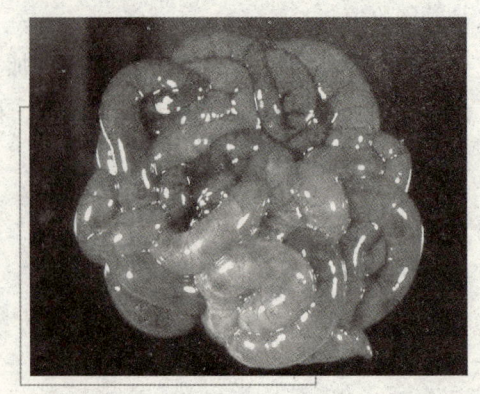

毒血症

肢体屈肌与伸肌的配合失调，以致屈肌与伸肌同时强烈收缩，肌肉痉挛强直，造成破伤风特有的牙关紧闭，角弓反张等症状。

败血症

败血症是指病原菌本身侵入血液，并在血液中大量生长繁殖，再产生毒性产物，引起全身严重中毒症状，如高热，皮肤有出血斑点，肝脾肿大等。葡萄球菌、鼠疫杆菌都可引起败血症。

菌血症

菌血症是指病原菌由局部侵入血液，由此播散到体内的其他组织器官再进行繁殖致病，而细菌并未在血中生长繁殖。例如，伤寒杆菌感染早期存在菌血症期。

微生物对人类产生致病作用的途径有多种，如食物中毒、感染致病、传染致病等等。肉毒杆菌引起的食物中毒，对人的生命威胁最大，它能产生一种毒性极强的毒素，这种毒素在人的胃酸里 24 小时也不会被破坏。如果把它加热到 100℃，也需要 10 分钟的时间才能破坏掉。金黄色葡萄球菌也极易污染食物，它能产生肠毒素，发生恶心、呕吐、肚疼和腹泻等中毒症状。痢疾是由痢疾杆菌引起的，通过食物、饮水和苍蝇传播。产生的毒素叫志贺毒素，可以破坏人的肠壁，引起腹痛、腹泻和排出脓血等症状。严重时，毒素会作用于人的神经系统，引起中毒性休克。食用了有黄曲霉毒素的食物往往会引发胃癌、食管癌等疾病。

微生物与动物疾病

动物的体内或体表存在着大量的正常微生物，这些微生物群系之间及微生物与动物之间形成了相互依存，相互作用的不可分割的整体。现代医学将这些正常微生物视为动物体的组成部分，参与了动物体的生长、发育、消化、吸收、营养、免疫、生物拮抗及其各种功能和结构的发生、发展和衰退的全过程，是一个像呼吸、循环、消化一样的系统。同时，就像微生物和其他生物之间的关系一样，病原微生物也是动物疾病的主要原因之一。

很多微生物，包括病毒、细菌、真菌都可引起动物疾病。微生物引起动物疾病的致病过程可以分为两种类型，①微生物在动物体表或体内生长，引起感染而致病；②微生物在动物体外生长，产生有毒物质，引起动物疾病或改变了动物的栖息条件，使得动物不能在健康的条件中生存。天然状态下生长的微生物，可以改变环境条件，从而对动物造成不良的影响。动物种群的微生物疾病是一种在质量和数量上控制动物种群及其密度的因素之一。

微生物与猪病

猪病的种类很多，危害最为严重的是传染病和寄生虫病，这些病如果预防不好会给猪场造成无法估量的损失。由细菌引起的皮肤病有渗出性皮炎、链球菌病、耳坏死螺旋体病、面部坏死、浓肿；由病毒引起的皮肤病有以下几种：猪痘、猪水疱病、水疱性口炎、水疱疹、猪细小病毒病、猪瘟、自发性水疱病等；由真菌引起的疾病小孢子菌病、毛癣菌病、皮肤念珠菌病等；由寄生虫引起的疾病主要有：疥螨病、蠕螨病、虱、蚤、蚊、蝇等。比较常见的几种猪传染病有猪瘟、猪细小病毒病、猪乙型脑炎、猪丹毒、仔猪白痢、猪传染性萎缩性鼻炎、蓝耳病、猪布氏杆菌病、猪喘气病、猪传染性胸膜肺炎、猪传染性胃肠炎、猪口蹄疫、伪狂犬病、猪水肿病，在这里主要介绍猪瘟和蓝耳病两种。

猪瘟：猪瘟病原体为披盖病毒科瘟病毒属的猪瘟病毒，存在于病猪的全身和体液中，其中淋巴结、脾和血液中含毒量最多。各品种、年龄、性别的猪都易感染，野猪也易感染。病猪和带毒猪是传染源，通过粪、尿和各种分泌物排出病毒。感染途径主要是消化道和呼吸道。侵入门户是扁桃体，后进入血液循环。此病具有高度传染性，发病无季节性。发病时分最急性型、急性型和慢性型。病毒对不利因素的作用抵抗力弱，在干燥的环境和一些消毒药作用下易于死亡。发病猪舍及污染的环境中的病毒在干燥和较高温下经13周后即失去传染力。

蓝耳病：1989年美国出现了一种新的疾病在猪场迅速蔓延，此病的特

猪瘟的症状

点为母猪怀孕后期流产,死胎,生下仔猪体弱,各种年龄的猪表现呼吸道症状,当时把此病称为"神秘病"。大约在相同时间,此病横扫欧洲,在英国被称为"蓝耳病",母猪会有这种临床症状。此病先后有过几个不同的名字,如"猪不授精与呼吸综合征""猪惯性流产与呼吸综合征",现在公认的"猪繁殖障碍与呼吸综合征"等。

微生物与禽病

与猪病相同,禽病中的传染病长期以来严重威胁着养禽业的正常生产发展,禽传染病的流行过程有3个基本环节:

1. 传染源

传染源(亦称传染来源)是指某种传染病的病原体在其中寄居、生长、繁殖,并能排出体外的动物机体。具体来说传染源就是受感染的动物,包括传染病病禽和带菌(毒)动物。动物受感染后,可以表现为患病和携带病原两种状态。

2. 传播途径

病原体由传染源排出后,经一定的方式再侵入其他易感动物所经的途径称为传播途径。研究传染病传播途径的目的在于切断病原体继续传播的途径,防止易感动物受传染,这是防治禽传染病的重要环节之一。

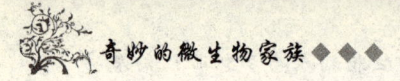

3. 禽群的易感性

易感性是抵抗力的反面，指禽对于每种传染病病原体感受性的大小。该地区禽群中易感个体所占的百分率和易感性的高低，直接影响到传染病是否能造成流行以及疫病的严重程度。禽易感性的高低虽与病原体的种类和毒力强弱有关，但主要还是由禽体的遗传特征、疾病流行之后的特异免疫等因素决定的。外界环境条件如气候、饲料、饲养管理卫生条件等因素都可能直接影响到禽群的易感性和病原体的传播。常见的禽类病原微生物种类有鸡新城疫病毒、鸭瘟病毒、鸭病毒性肝炎病毒、小鹅瘟病毒、鸡传染性法氏囊病病毒、鸡马立克氏病病毒、禽白血病/肉瘤病毒、禽网状内皮组织增殖病病毒、鸡传染性贫血病毒、鸡传染性喉气管炎病毒、鸡传染性支气管炎病毒、鸡减蛋综合征病毒、禽痘病毒、鸡病毒性关节炎病毒、禽传染性脑脊髓炎病毒、副鸡嗜血杆菌、鸡毒支原体、鸡球虫等。

微生物与反刍动物疾病

关于反刍动物疾病，病原微生物引起的疾病也一直是困扰反刍动物养殖的问题。我们熟知的反刍动物的病原微生物主要有：蹄疫病毒、牛瘟病毒、小反刍兽疫病毒、牛传染性胸膜肺炎丝状支原体、牛海绵状脑病病原、牛恶性卡他热病毒、牛白血病病毒、牛流行热病毒、牛传染性鼻气管炎病毒、牛病毒腹泻/黏膜病病毒、牛生殖器弯曲杆菌、日本血吸虫、山羊关节炎/脑脊髓炎病毒、梅迪/维斯纳病病毒、传染性脓疱皮炎病毒等等。

这里以疯牛病为例，描述微生物对反刍动物生长养殖的极大影响。牛海绵状脑病（BSE）俗称"疯牛病"，是传染性海绵状脑病的一种，是一种特殊病毒——朊病毒引起人和动物的一组具有共同特征的非炎性、亚急性、渐进性、致死性中枢神经系统变性的疾病，故又称朊病毒病。自从20世纪80年代英国出现疯牛病以来，已在欧洲一些国家扩大流行，引起世界各国的恐慌和关注。

1985年4月，医学家们在英国发现了一种新病，专家们对这一世界始发病例进行组织病理学检查，并于1986年11月将该病定名为BSE，首次在英国报刊上报道。10年来，这种病迅速蔓延，英国每年有成千上万头牛患

感染了疯牛病的奶牛

这种神经错乱、痴呆、不久死亡的病。此外,这种病还波及世界其他国家,如法国、爱尔兰、加拿大、丹麦、葡萄牙、瑞士、阿曼和德国。据考察发现,这些国家出现疯牛病有的是因为进口英国牛肉引起的。医学家们发现 BSE 的病程一般为 14~90 天,潜伏期长达 4~6 年。这种病多发生在 4 岁左右的成年牛身上。其症状不尽相同,多数病牛中枢神经系统出现变化,行为反常,烦躁不安,对声音和触摸,尤其是对头部触摸过分敏感,步态不稳,经常乱踢以至摔倒、抽搐。发病初期无上述症状,后期出现强直性痉挛,粪便坚硬,两耳对称性活动困难,心搏缓慢(平均 50 次/分),呼吸频率增快,体重下降,极度消瘦,以至死亡。经解剖发现,病牛中枢神经系统的脑灰质部分形成海绵状空泡,脑干灰质两侧呈对称性病变,神经纤维网有中等数量的不连续的卵形和球形空洞,神经细胞肿胀成气球状,细胞质变窄。另外,还有明显的神经细胞变性及坏死。医学家研究证实,牛患 BSE,是痒病传到牛身上所致。痒病是绵羊所患的一种致命的慢性神经性机能病。其实痒病的发生已有两百余年的历史。不过,医学界至今未能找到导致痒病的根源,因此,疯牛病的病原也就难以确定。

食用被疯牛病污染了的牛肉、牛脊髓的人,有可能染上致命的克罗伊茨费尔德—雅各布症(简称克—雅症),其典型临床症状为出现痴呆或神经

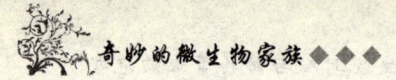

错乱，视觉模糊，平衡障碍，肌肉收缩等。病人最终因精神错乱而死亡。

医学界对克—雅症的发病机理还没有定论，也未找到有效的治疗方法。

微生物与水产动物疾病

微生物与鱼病

对鱼类来说，水是其赖以生存的环境，水环境的改变将直接影响鱼类的生长、繁殖与健康状况。随着渔业生产集约化养殖程度的不断提高和环境污染日趋严重，渔业生态环境和生态平衡遭到严重破坏，鱼类病害不断增多。鱼类的病害问题现已成为制约渔业生产进一步发展的主要因素之一。对渔业生产危害较大的鱼病大多也是与水生微生物有关，如草鱼烂鳃病、肠炎病、赤皮病和鲢、鳙鱼的暴发性出血病等。水环境中各种微生物（包括有益和有害微生物）之间处于一种动态平衡。这种平衡及其数量的改变与鱼病的发生有着极强的相关性。如当水中柱状梭杆菌与嗜水气单胞菌或弗氏柠檬菌的菌量比为 1∶10 时，前者的存活大大降低，当其为 1∶100 时，则不能感染鱼类。水中微生物的毒力和致病力的大小也因环境条件而异。如草鱼出血病病毒虽属强毒型，但其致病力仍与水温和溶解氧等有关。由此可见，改善、调节水质是控制由微生物引起的病害的有效方法之一。

鱼类的病原菌多是适宜在富营养水体中增殖的异氧菌和条件性致病菌。条件性致病菌通常是水中或鱼体中的常在菌，它们在正常条件下与鱼类处于共生关系，对鱼体无毒力或毒力较少。如条件改变，有利于其增殖，或是鱼的抵抗力降低时即成为致病菌。高密度的人工养殖往往为条件性致病菌创造了致病的条件：鱼体受损和病原微生物传播的几率增大，水的污染程度增加，水中有利于细菌生长的营养物质增多。因此，渔业生产中要加强饲养管理，作好清塘消毒等预防工作，切断传染源，适时调节水质，创造一个对鱼类生长有利，对病原微生物不利的渔业生态环境。反之，其疾病就难免增多。

微生物与特种水产动物疾病

特种水产动物是指名贵、稀少，或养殖方式特殊、养殖规模较小，或营养价值优良、商品价值较高的受人特别青睐的水产经济动物。环境对其疾病发生的影响较强。由于大部分特种水产动物都在高密度的环境条件下养殖，其生态环境与原来天然状态相比发生了较大的变化，它对人工生态环境的适应性较差，环境的稍微不利都能引起生理机能的失调，导致疾病的发生。因此也使得微生物对于特种水产养殖的疾病影响极大，病原体较多，也较复杂。目前所发现的特种水产动物疾病的病原体有数百种，包括病毒、细菌、真菌、寄生虫、水生昆虫、敌害等各种类别。即使同一种致病体，不同动物（有时甚至是同一种动物）它的致病性、抗原性、毒力、感染力也有着一定的差异。某些病原体，可能会感染较多的养殖对象，但对有些养殖对象，或有些养殖对象的某个养殖时期，可能不致病或暂时不致病，但它们会成为该病原的传播者和携带者（如感染中华绒毛蟹的对虾杆状病毒），从而给特种水产动物病害的诊断与防治带来了较大的困难。

特种水产动物疾病的病情较复杂，突发性、暴发性和持续性死亡的疾病较多。并发、继发性感染较普遍。根据对中华鳖的出血性肠道坏死症的研究，我们发现病毒感染是原发性的，而嗜水气单胞菌等多种细菌感染是继发性的。同时潜伏期较长，发病初期不易观察到明显症状。如中华蟹的红底板病，大多是上一年受到病原体感染，冬眠复苏后暴发，潜伏期可达八九个月之久；又如黄鳝的疾病，最初是极难观察到的，一旦病症明显，就无法治疗。

微生物对人类的促进作用

微生物对被污染环境的修复

生物修复（Bioremediation），也称生物整治、生物恢复、生态修复或生态恢复，是指利用处理系统中的生物，主要是微生物的代谢活动来减少污染现场污染物的浓度或使其无害化的过程。这种技术的最大特点是可以对大面积的污染环境进行治理，目前所处理的对象主要是石油污染及农田农药污染。生物修复最成功的例子是对阿拉斯加海岸线的石油污染的生物修复，经处理后，使得近百千米海岸的环境得到改善。

生物修复的具体操作方法可分为两种，①环境条件的修饰，如营养物质的利用、通气等。例如在石油污染的生物修复中只有在充分供氧条件下石油才能迅速地降解。②接种合适的微生物以降解污染物，用于生物修复的微生物包括土著微生物、外来微生物等。如果在污染区域内的土著微生物不能有效地降解污染物，

被石油污染的海滩

就必须人为接种各种可降解污染物的微生物。这些微生物可以是从天然样

品中筛选的,也可以是通过基因工程改造的。

环境条件的改善通常包括下面一些措施:

(1) 通气或通过土壤翻耕等方法以保证氧的供应量。这一点在石油污染的生物修复中尤显重要,因为石油污染只有在供氧充足的条件下才能被迅速降解。

(2) 适量补充矿物营养物质,特别是氮和磷元素,以促进微生物的生长及提高它们的降解代谢速度。目前已针对生物修复之用途,开发了各种营养添加剂。

(3) 水的活性调节,包括含水量的调节。

(4) 调节环境 pH 值条件。微生物的代谢活动都有一个最适的 pH 值范围,因此要把环境的 pH 值条件调整到适合微生物,充分发挥它们的作用。

(5) 调节环境的氧化还原电位。如果在污染区域内的微生物种群,即使在最佳作用条件下也不能降解污染物,或降解污染物的速度很慢,在这种情况下就需要人为接种各种可降解污染物的微生物。这些微生物可以是从天然样品中分离筛选的,也可以是通过基因工程改造的。然后改善污染区域的环境条件(如上所述),以保证所接种的微生物的生长繁殖,充分发挥它们的降解污染物的代谢作用,以达到对污染区域的生物修复的目的。

微生物是环境检测的重要指标

对水环境监测的指标主要有化学需氧量(COD)、生物需氧量(BOD)、固体悬浮物(SS)、TOD、NOD、细菌卫生学指标(大肠杆菌)等。

COD 是指在一定条件下,用强氧化剂处理水样时所消耗氧化剂的量,以氧的毫克/升来表示。它是度量废水中还原物质的重要指标。

BOD 是指在 20℃下培养 5 天测定的溶解氧的消耗量,它反映了废水的可生化程度。

固体悬浮物(SS)是指水中不能通过过滤器的固体物质。

TOD 是指有机碳、NH_4^+ 和有机氮被氧化过程中所消耗的总氧量。

NOD 是指样品中含氮化合物在被微生物氧化过程中所消耗的氧气量,

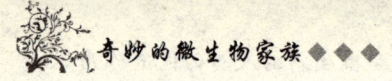

一般是测定总氮量。

对水体中微生物的检测主要集中在病原微生物的检测上，如沙门菌属、霍乱弧菌及各类容易引起疾病的病毒。通常对饮用水来说，检测大肠杆菌的数量以确定水被粪便污染的程度。

对废水中具体的有毒物质的检测需要按照物质的不同进行不同的检测实验。如对致癌物质可采用艾姆斯实验检测。对各种农药等化学物质也要参考有关的具体方法。

平衡生态系统

生态系统是由各类生物共同组成的生物群落或生物系统与环境系统构成的具有一定结构和功能的一个不断更新和变化的开放系统。这个系统需要不断从外界获取物质和能量，经生理代谢过程又向环境放出物质和能量，处于相对的动态平衡之中。这个过程与具体的时间和空间相关联，并能在一定程度和范围内进行自我调节和控制。

生态系统中主要的功能单位是种群，它在生态系统中的能流和物质循环中起着特殊的作用。但是，只有在生态系统中各组分（如土壤、水分、营养物质、生产者、消费者和分解者等）保持有序的结构，才能实现能量和物质流动。系统中所发生的各种过程，在时间上有先后或重叠，在空间上也各占其位，这些过程的发生范围和规模可以是局部，也可以是某个区域，还可以是全球性的。这种时空分布的差别，构成了生态系统的特征，这就是组织性、包容性和等级序位（如细胞水平、组织水平、个体水平、种群水平、区域水平等）。

生态系统中各组分之间及其与环境之间不断进行着的物质、能量和信息的交换，通常以"流"的形式（物质流、能量流、信息流）来定量表述强度。这种交换维系了系统与环境、系统内部各组分之间的关系，形成了一个动态的、可以实行反馈调控和相对独立的体系。系统中的任一组分只要其状态发生了变化，定可通过"流"的相应改变（路径、方向、强度和速率等），去影响其他组分，最终将波及整个系统，这种变化如果超出了生态系统本身的调节能力范围,将造成生态系统平衡的失调,甚至造成整个系统功能的丧失。例如现在频繁发生的"赤潮"和"水华"两种现象,就是生态系统平衡失调而引起的结果。

赤潮是海洋水体里的显微藻类,主要是裸甲球藻或其他藻类在短时间内大量繁殖的结果。引起赤潮的藻类繁殖到一定的密度时往往使一块一块的海水出现异常的颜色,由于通常为红色,所以称为"赤潮"。近几年在我国海域越来越频繁发生的赤潮现象,已引起了人们的高度关注和警惕,人们有谈"赤潮"色变的感觉。赤潮对于海洋生态及渔业都构成了极大的危害。由于裸甲球藻等显微藻类繁殖极快,抢夺了其他海洋生物的营养源,并且它能产生毒素,其他海洋生物吞食这些藻类后容易死亡,所以赤潮发作时往往造成鱼虾等海产的大量损失。

在近代工业革命之前,偶尔也有关于赤潮的记录,因此古人认为赤潮是一种自然发生的、非正常的海洋现象。但是近几年来在我国海域赤潮的发生频率如此之高,说是一种自然现象就解释不通了。海洋学家的研究结果表明,近期频繁发生的赤潮现象,与人类活动密切相关,特别是工农业废弃物

海洋赤潮

的大量入海,尤其是氮、磷高含量的污水的入海,造成海水中营养物质的大量增加(科学上称为富营养化),正是赤潮频发的主要因素。据报道,近年来排入大海的氮、磷以每年50%~200%的速度增长。因此,赤潮现象的频繁发生,我们人类有着不可推卸的责任。

赤潮一般多发于海湾等近海地带,很少见于深海及江河的入海口。现在没有能准确预报赤潮发生的时间及地点的方法,在温度、盐度及风力适宜的情况下就会发生赤潮。到目前为止也没有一种能够阻止赤潮发生及扩

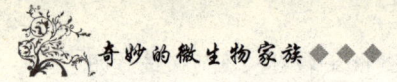

张的有效的手段。现在科学家们正在深入了解赤潮的成因及分析引起赤潮的这些藻类,并希望由此找到控制赤潮的方法。

与赤潮类似,在内陆湖泊中由于蓝藻等藻类的突然增殖和过量生长而出现水华现象。这些蓝藻也会产生毒素,危害其他湖泊生物的安全,它的危害同样不可低估。

水华的现象是世界范围内的,它的起因与赤潮一样,主要也是由于水体富营养化引起的。如云南昆明市内的著名风景点滇池,在20世纪80年代以前,池水清澈,水体的氮、磷等标示富营养化的指标很低,根本就没有发生过水华。但是进入20世纪90年代以后,由于滇池周围工业生产区域的不断扩充,每年从这些工厂中排入的污水不断增加,使得滇池水体的氮、磷含量、富营养化程度也不断提高。因而不仅发生了水华,而且每年发生的次数越来越多。这使得以前盛产的水产品逐年减少,虾和高价值的鱼类已经灭绝,只剩下了少数几种劣质鱼类,今天,滇池几乎成了臭水塘。这种令人惋惜的状况已引起了云南省乃至全国人民的高度重视,各级政府和各界人士已着手治理。我们期待在经过艰苦的努力之后,滇池会重新清澈美丽。

大自然的"清洁工"

大自然的生物,它们最显著的也是最基本的特征就是新陈代谢。因此,每天都有数以万计的生物在死亡,同时又有无数的生物在新生。植物的枯枝落叶,动物死亡的尸体以及人和动物大量的排泄物,到处都会堆积如山,日积月累,地球岂不要被生物"垃圾"所覆盖了吗?其实并非如此,因为自然界的"清洁工"每天都在工作。

地球上"清洁工"的队伍十分庞大,其中干得最出色的是细菌和真菌。原来,细菌和真菌都不含叶绿素,不能通过进行光合作用自己制造有机养料,它们属于异养生物,必须从别的生物体内吸取营养,或寄生或腐生。它们最大的本领,就是把已经死亡的复杂的有机物,分解为简单的无机物,这一过程,就是它们清除大自然"垃圾"的过程,也是自然界物质循环中绝对不可缺少的过程。

绿色植物的生存，是需要吸收大量的无机物，幸亏有细菌和真菌，才使大自然的无机物得到源源不断的补充。例如氮的循环是这样进行的：绿色植物利用阳光，把二氧化碳和水合成为碳水化合物，然后将碳水化合物和从土壤中获得的含氮的盐一起合成蛋白质。如果植物再被动物吃掉，那么，原来的植物蛋白质，又变成了动物的蛋白质。当动、植物死亡后，大自然的"清洁工"便开始把蛋白质分解成氨，其中一部分氨又变成了可以为植物所吸收的含氮的盐类，归还给土壤。自然界的其他元素如磷、钾、苯，也是这样，在自然界的"清洁工"的作用下周而复始，反复循环。

所以，我们说不能小看这支庞大的"清洁工"在自然界的重大作用，如果没有它们，自然界的生态平衡就被打破，地球上的生命就要终止。

转化和降解

相对于生物的进化历史来说，有些有机污染物被释放到环境中的时间是非常短暂的，微生物与之相互作用的时间就更短了。但是农药等生物外源性物质的广泛使用和对环境的污染，增加了微生物生存环境中的不利因素，用科学术语来说，就是增加了微生物进化的选择压力。这起到了促进微生物的物种发生改变和进化的作用，因为只有那些发生了对微生物本身存活有利的突变（如抗药性、转化能力、降解活性）的微生物，才能继续存在于自然界中。人类最感兴趣和有可能加以利用的微生物的新特性，正是它们对生物外源性物质的转化和降解作用。

许多微生物可以对生物外源性物质进行化学转化，使其转变成为毒性较小或易于被其他微生物所降解的化合物。如对杀虫剂 DDT 和对炸药 TNT 的转化。

微生物对生物外源性物质的转化主要有以下几种形式：

（1）脱卤（主要是脱氯），如 DDT 的脱氯。

（2）还原，将生物外源性物质上的取代基，特别是硝基，进行还原。

（3）水合反应，如对有机氰的水合反应，形成无毒的含氮有机化合物。

微生物除了可以转化生物外源性物质外，有些微生物还可以把它们分解掉，因为是把较大的化合物分子一步一步地变小，所以称为降解作用。有些生物外源性物质可以被彻底降解，即变成水和二氧化碳等无毒无害的很小的分子化合物或元素。但是，有些生物外源性物质不能被彻底降解。

多数情况下，这种降解过程需要多种微生物的协同作用，才能彻底完成。有些微生物在降解生物外源性物质时，要给微生物另外提供对它们生长繁殖所需要的营养物质，因为这些生物外源性物质的降解产物并不能成为该微生物生长繁殖所需的碳源和能源。在微生物生态学中，我们把这种情况叫做共代谢作用，或辅代谢作用。这种降解往往是不彻底的，同时也是最多见的。下面简单介绍微生物对几种主要类型生物外源性物质的降解。

微生物对卤代类（特别是氯代）生物外源性物质的降解

此类化合物的典型代表有多氯酚（PCP）和多氯联苯（PCB）类化合物，它们被广泛用作防腐剂、杀虫剂及合成高分子材料的化工原料。它们都很难被降解，即具有很高的生物稳定性。尽管如此，微生物学家还是找到了许多可以降解它们的微生物。如黄杆菌可以降解五氯酚，不动杆菌可以降解PCB。

微生物对有机磷化合物的降解

有机磷化合物作为杀虫剂被广泛用于农业生产上，如乐果、对硫磷、甲胺磷等等。它们在环境中的残留时间很长，不易被降解，因此现在被限制或禁止使用。然而，近年来不断发现许多微生物可降解有机磷化合物，从而为寻找解决及净化环境中的有机磷农药污染的途径提供了可能。

微生物对人工合成多聚物的降解

人工合成的多聚物种类很多，其典型代表是聚乙烯，我们日常使用的塑料制品多用它们做原料。由于它们的化学稳定性、生物不可降解性、可塑性等优越的性能，使它们被大量生产，广泛应用于工农业生产上，取得了非常显著的效果。但是如果不把它们进行回收利用而听任它们释放到环境中，就会在环境中造成生态系统功能的破坏，带来严重的环境污染问题。

当前全社会正从多方面着手解决这一问题。一方面加强环境保护的宣传，提高人们的环保意识；一方面采用适当的政策鼓励农民回收利用农用地膜，限制或禁止生产容易引起大量污染的塑料袋、一次性饭盒等。科学家们正努力进行可以被微生物降解塑料的开发和生产，不过目前要大量推向市场还不容易，因为在产品价格上还无法与原有的人工合成塑料竞争。

利用特定的微生物降解合成多聚物也是解决此类污染，特别是土壤中已存在的污染的有效方法。科学家已经发现，有些微生物（主要是真菌）可降解合成多聚物，如聚乙烯醇、乙烯薄膜、聚乳酸薄膜等。微生物一般是采用物理化学方法处理这些多聚物，将它们降解成聚合程度较小的物质之后，更易于降解它们。

微生物对多环芳烃的降解

很多多环芳烃化合物是生物外源性物质，亦有不少并不是生物外源性物质，而是天然存在的化合物。但由于多环芳烃特别是四环以上的多环芳烃（如苯并芘），具有很强的致癌性，也难以被生物降解，很容易积累在环境中。近年来，有关微生物降解多环芳烃的研究和利用这些研究成果净化环境中的多环芳烃污染的设想备受人们关注。已经证明，很多微生物可以降解多环芳烃。

多氯联苯PCBs是人工合成的有机化合物，广泛用于润滑油、绝缘油、增塑剂中。它会损伤皮肤、神经、骨骼，还是一种致癌因子。PCBs很稳定，在环境中不易降解。但早在1973年就有人发现了能够降解PCBs的微生物。1978年一位日本科学家从美国威斯康星一个湖泊中分离到两株能"吃"多氯联苯的细菌。经研究发现，它们能分泌一种酶，把PCBs转化为联苯或对氯联苯，然后把这些转化产物进一步降解成苯甲酸或取代苯甲酸，且最后这些化合物可以由环境中的其他微生物轻而易举的分解掉。

城市垃圾生物处理技术

由于人类活动，每天都有大量的固体废弃物，如各种垃圾的产生，特别是大城市的固体废弃物的产量更是惊人。这些固体废弃物都应该进行无害化处理，但目前几乎 95% 的垃圾未经这样的处理，一般只是简单地堆集起来或倾入江河中。固体废弃物中不仅含有各种无机物，如玻璃、金属等，还含有大量的有机物，包括可降解的淀粉、蛋白质、废纸、烃类等和很难降解的塑料等，其中的很大部分是可以回收利用的，因此提倡垃圾的分类包装，回收可再生的资源，是一箭双雕之举。

固体废弃物的处理有很多方法，如填埋、堆肥、焚烧、用来发电等。

垃圾的填埋处理不仅需要侵占大量的土地资源，而且需要很长时间（一般至少 50~100 年）才能完全使所填埋的垃圾无害化，因此填埋了垃圾的土地长期不能使用，甚至还可能引起火灾。由于填埋于地下的垃圾，绝大部分是有机物，在厌氧微生物的作用下进行发酵，能产生大量的沼气逸出地面，遇火即可发生火灾；填埋的垃圾还可能污染地下水。

垃圾焚烧同样也存在火灾的隐患，同时焚烧时还会产生大量废气，造成对环境的再次污染，我们称这种污染为二次污染。

较好的处理方法是利用垃圾发电。这在发达国家是一种比较普遍采用的处理城市垃圾的方法，我国也建立了几座垃圾发电厂，但目前在我国还不能普遍推广，因为成本很高。

垃圾堆肥是较原始的简易的固体垃圾生物处理方法。主要是利用垃圾中原本带有的微生物进行自然发酵。这种方法虽然可以采用，但所需的处理时间长，处理量小，发酵过程不易控制。

现在发展了新的城市垃圾生物处理工艺。这种工艺是先经过过筛，回收可再生资源后，引入具有特定功能的微生物（主要是一些能高效降解有机物质，如纤维素、脂肪、蛋白质的微生物）进行好氧处理或厌氧发酵，加速发酵过程，同时还可以收集所产生的沼气。经过充分发酵后的垃圾是一种很好的农业肥料。如果实现垃圾处理工厂化，可以使发酵周期缩短（1~2 星期），并且处理量较大。发酵过程可以实现全自动化控制，发酵后形成的肥料的质量也能得到保证。

可以迅速分解塑料

塑料被称为白色污染，是近年来环境的大敌。以聚乙烯为代表的塑料，在自然条件下极难降解，在土里埋50~100年仍旧如故。由于塑料广泛应用于农业生产及日常生活中，所以其产量每年递增，造成了这种人工化合物的大量积累。积累在农田中的塑料可导致土壤板结，活力下降，防碍作物生长，可使作物减产20%~40%。而城市垃圾中的塑料则危害着人畜的安全，有很多关于动物误食塑料致死的报道。

现在人们正在积极寻找可以取代原有塑料的可生物降解的新材料。一类由微生物合成的化合物引起了人们的兴趣，这类化合物为聚β-羟基烷酸酯，简称PHA，它们是由许多个β-羟基化的饱和脂肪酸聚合而成的。脂肪酸可以是丁酸、戊酸或己酸等。

1925年法国巴斯德研究所的一位研究人员从巨大芽孢杆菌中发现了聚β-羟基丁酸酯（PHB）颗粒，当时这一成果并未引起人们的注意，被锁进科技档案柜里。PHB是PHA中的一种。后来的研究表明，很多种类的微生物都能产生PHA。PHA分子量很大，具有良好的柔韧性和抗张性，并具有良好的可塑性，在实际应用上无异于人工塑料。它的最大优点是可被微生物降解掉，因此人们称它为"生物可降解塑料"。20

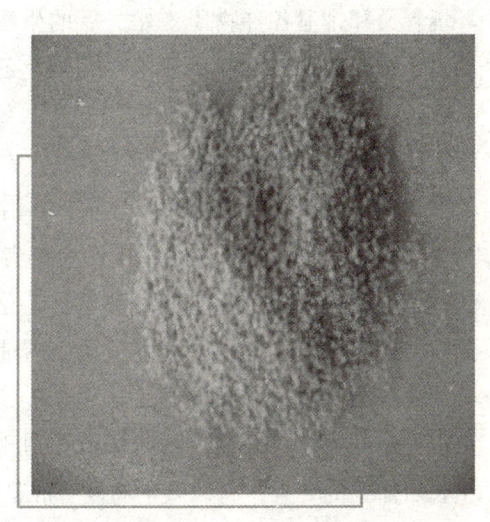

含氧生物可降解塑料添加剂

世纪90年代以后，美国已有一家公司建立了第一家生产500吨生物可降解塑料的工厂。我国科学家在开发同类产品上也取得了很重要的进展。

用细菌生产的聚β-羟基丁酸酯除了替代现有的塑料制品外，还可以用来生产高弹性的无纺布。聚β-羟基丁酸酯无毒性，高纯度的产品可用来做伤口的缝合线及骨骼固定绷带，当用这种缝合线缝合伤口后也用不着拆线，它可以在人体内自行被分解吸收。

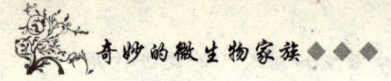

生态系统中的清道夫——微生物

在日常生活中,我们每个人都有这样的经历或体会,放置的水果、食物、衣物、木材等经过或长或短的时间,都要变质、发霉、腐烂,这就是微生物分解作用的结果。微生物的这种作用虽然会造成人类生存资源的损失,但对于生态系统乃至全球的生物的生存、延续和发展却是不可缺少的。

生态系统中的每一种生物在其生命活动过程中都要从周围的环境中吸收水分、能量和营养物质;在其生长、繁育等生命活动中又会不断向周围环境释放和排泄各种物质,死亡后的生物残体也要复归环境。生态系统中的每一种生物,其营养要求不尽相同,甚至是完全不同。地球上的生物可以分为三大类:植物、动物和微生物。绿色植物(包括光合作用微生物)以土壤中的无机化合物(如氨或硝酸盐、磷酸盐及其他无机矿物)、空气中的二氧化碳、氧气以及水等为营养,利用太阳光能固定二氧化碳合成自身,为动物提供食物,是生态系统中的生产者;动物以植物或其他动物为食物,通过消化食物为自身提供能量和营养,是生态系统中的消费者;微生物则通过分解动、植物的残体或腐植质获得能量和营养来合成自身,同时将有机物分解成可供植物利用的无机化合物,是生态系统中的分解者。微生物可以把地球上死亡的动植物残体清扫得干干净净,将有机体分解成生产者生长所需要的元素,所以微生物被看成是生态系统中的"清道夫"。我们可以设想,如果没有微生物的分解作用,地球上的动、植物残体和有机物将得不到分解,那么至今为止几十亿年来生命活动的结果,将是把地球上所有的生命构成元素以动植物残体的形式堆积起来,植物生长的营养将会枯竭,生产者将不能生产,消费者将得不到食物,地球上的生命也就无法维持了。因此,微生物的分解作用是地球上生命波浪式发展、螺旋式进化的原动力之一。